花卉周年生产技术丛书

红掌周年生产技术

陈丽静 马 慧 马 爽 编著

中原农民出版社

·郑州·

图书在版编目(CIP)数据

红掌周年生产技术/陈丽静,马慧,马爽编著.
郑州:中原农民出版社,2017.2
(花卉周年生产技术丛书)
ISBN 978-7-5542-1621-7

Ⅰ.①红… Ⅱ.①陈… ②马… ③马… Ⅲ.①安祖花-
观赏园艺 Ⅳ.①S682.1

中国版本图书馆 CIP 数据核字(2017)第 027940 号

红掌周年生产技术

陈丽静　马　慧　马　爽　编著

出版社:中原农民出版社	网址:http://www.zynm.com
地址:郑州市经五路 66 号	邮政编码:450002
办公电话:0371-65751257	购书电话:0371-65724566

发行单位:全国新华书店
承印单位:河南安泰彩印有限公司

投稿信箱:Djj65388962@163.com
交流 QQ:895838186
策划编辑电话:13937196613　0371-65788676

开本:787mm×1092mm　　　　1/16
印张:8
字数:231 千字
版次:2018 年 7 月第 1 版　　印次:2018 年 7 月第 1 次印刷

书号:　ISBN 978-7-5542-1621-7　　定价:69.00 元
本书如有印装质量问题,由承印厂负责调换

丛书编委会

本书作者

编　　著　陈丽静　马　慧　马　爽

组稿与审稿　孙红梅　王利民

内容提要

红掌,又称花烛、红鹤芋、火鹤芋、安祖花,属天南星科,多年生附生性常绿草本植物,叶形俊秀,佛焰苞有红、绿、白、棕、橙、粉、紫、黄色等多种,像一只伸展的手掌,肉穗花序,酷似动物的尾巴。红掌花叶俱美,娇红嫩绿,鲜艳夺目,是热带观花类的代表,广泛用于盆花和切花观赏。

红掌是近20年来我国引进花卉中比较成功的一种,现在我国大部分地区均有栽培,还有大发展的势头,特别是我国正处在调整农业产业结构时期,发展花卉产业,实现红掌周年生产,无疑会带来无限商机。

目前,国内外市场对红掌的需求量都很大,红掌种植有良好的发展前景。但红掌的养护、繁殖对一般花卉爱好者来说比较困难,如何实现红掌的周年生产,使其以优美的姿态展现给人们,是编写本书的初衷。

本书重点介绍红掌的周年生产技术,内容包括概述,生长发育特性,分类与品种,繁殖技术,红掌栽培管理技术,病虫害防治技术,采收、包装和贮运技术等。本书内容简明扼要,通俗易懂,实用性强,适于城乡广大红掌爱好者、园艺工作者及专业人员阅读。

前　言

　　红掌为目前较为珍稀的观花观叶两者兼宜的观赏植物,其花色鲜艳,花姿奇特美艳,且花期持久,全年均能开花。红掌花期很长,如果管理得当,盆栽品种可以四季开花,切花品种产花量高的平均一个月采收一次,并且瓶插水养期可长达1个月。近年来,随着插花艺术的蓬勃发展,红掌已成为"瓶花世界里的耀眼新星",是国际上流行的高档切花材料和盆栽品种,是世界名贵花卉之一。现德国、意大利、法国、澳大利亚、瑞士、美国、瑞典等国家将其作为主要切花,在市场上非常畅销,需求日益上升。从全球花卉市场看,红掌销售额仅次于热带花卉——兰花,列居第二位。因此,近几年来红掌已成为当前国内外十分流行的名贵花卉之一。

　　红掌早期的主要产区在美国夏威夷。20世纪70年代,夏威夷开始了红掌的产业化栽培,并迅速扩大种植规模。20世纪80年代,夏威夷红掌的种植面积已超过热带兰。该地的红掌生产基本不建造成本昂贵的玻璃温室,而以遮阳网为主,不搞高度机械化、智能化的工厂设备,而尽量利用当地的天然条件,生产有高度自我优势而极具出口能力、质量一流的切花商品。自20世纪80年代开始,美国出现了红掌疫病,夏威夷红掌业明显滑坡。荷兰是世界花卉王国,是世界上最大的红掌生产及贸易基地。由于荷兰全部采用现代化电脑环控的玻璃温室栽培,自动化程度很高,花的品质非常好,栽培面积在不断扩大。荷兰属于地中海气候,仅能在温室生产热带花卉,其电脑调控温室每年能生产出3 000万枝红掌切花,以红、橙色为主,白色为辅,产量则以5~8月为最高。在欧洲,高质量的红掌是由荷兰控制的,主要销往德国、意大利与法国,少量运往亚洲市场。加勒比海地区是世界红掌商业化生产地之一,其种苗主要从荷兰进口,其中以牙买加、特立尼达和多米尼加共和国生产规模较大。非洲的毛里求斯,是世界第二大红掌出口国(毛里求斯运往欧洲的红掌价格约为荷兰的一半)。此外,亚洲的中国台湾、菲律宾、日本、韩国、泰国和马来西亚均有少量商业性栽培。

　　红掌于1983年由荷兰进京举办花展时开始引入中国。20世纪90年代初,红掌被作为珍稀花卉引入北京、天津、厦门、海南和广东等地做适应性栽培,90年代中后期进入商品化种植。进入21世纪,随着国内人民生活水平的提高和国内花卉业的崛起,且受国际热带花卉市场不断升温的影响,国内开始了红掌的商业性栽培。随着消费时尚的转变和国民购买力的增强,社会对中高档花卉的需求加大,刺激了红掌生产规模的扩大。我国海南、广东、湖南出现了大规模的红掌生产基地。目前,国内红掌以设施栽培为主,除云南、海南、广东以外的其他地区均采用玻璃温室栽培,以高密度种植来提高单位面积产量。而云南、海南、广东气候相似,栽种方式基本相同,采用露天、遮阳网棚式栽培。相对而言,红掌对温湿度要求较高,需要设施栽培,投入高,风险大,因而发展规模尚小,速度较慢。在国内只有少量红掌种植公司,国内现有红掌种植面积还未到 50 公顷,普遍产量不足 50 枝/米^2,在花卉行业属于很小面积的单种花卉栽培,还有很大的市场发展空间。在市场销售上,云南、海南、广东、四川、重庆以鲜切花为主,其他地区以盆花为主。

目前,国际、国内市场对红掌需求量大,有良好的发展前景。但红掌的养护、繁殖对一般花卉爱好者来说比较困难,如何将红掌科研成果更好地应用于生产实践,实现红掌的周年生产,使其以优美的姿态展现给人们,是编写这本书的初衷。

本书重点介绍红掌的周年生产技术,内容包括红掌的栽培历史与发展现状、生长发育特性、品种与分类、繁殖技术、红掌栽培管理技术、病虫害防治技术、采收、包装和储运技术等。该书简明扼要,通俗易懂,实用性强,适于城乡广大红掌爱好者、园艺工作者及专业人员阅读。

目录

一、概述 ·· 1

 （一）红掌的栽培历史 ···················· 1

 （二）红掌的栽培现状 ···················· 2

 （三）红掌产业的发展趋势与建议 ······· 5

二、红掌的生长发育特性 ···················· 6

 （一）生态习性 ···························· 6

 （二）生长习性 ···························· 9

 （三）生物学特性 ························· 9

三、红掌的分类与品种 ······················ 14

 （一）分类 ································· 14

 （二）主要栽培品种 ····················· 14

四、红掌的繁殖技术 ························· 41

 （一）有性繁殖 ··························· 41

 （二）无性繁殖 ··························· 41

 （三）组织培养的繁殖技术 ·············· 43

 （四）人工种子 ··························· 45

五、红掌的栽培管理技术 ···················· 46

 （一）栽培技术要点 ····················· 46

 （二）红掌的栽培设施 ··················· 69

 （三）红掌温室的栽培管理 ·············· 82

六、红掌的病虫害防治技术 ·················· 88

 （一）生理病害及其预防 ················ 88

 （二）侵染性病害及其防治 ·············· 93

 （三）常见虫害及其防治 ················ 102

七、红掌的采收、包装和储运技术 ·············· 113

   （一）切花的采收与包装 ·············· 113

   （二）盆花分级与包装 ·············· 118

   （三）储藏运输 ·············· 119

参考文献 ·············· 120

一、概述

红掌,又称花烛、红鹤芋、火鹤芋、安祖花,为天南星科安祖花属多年生草本植物。原产于南美洲地区,性喜空气湿度高而又排水通畅的环境,喜阴,喜温热。叶革质,长心形,全绿,基部心形,全缘,叶脉凹陷。肉质根,茎短,直立,叶从根茎抽出,具长柄。单花顶生,佛焰花苞直立开展平出,宽心形,颜色各异,有红、橘红、粉红、绿、白等颜色,光滑且富有蜡质光泽。肉穗花序圆柱状。红掌花朵鲜艳夺目且花期长。四季皆可开花,栽种 1 年后可持续数年之久。作为切花材料,轻巧耐运输,瓶插寿命很长,水养期可达 1 个月,是热带观赏花类的代表。红掌是目前较为珍稀的观花观叶两者兼宜的观赏植物,主要用于切花,也可以盆栽,常用于家庭及会议室的布置。目前,红掌已成为销售量仅次于热带兰的第二大热带花卉商品,在国际商品花卉市场中占有十分重要的地位。

(一)红掌的栽培历史

1853 年,特利阿那在南美洲哥伦比亚海拔 360 米处发现红掌;1876 年,由法国植物学家爱德华安德烈采到原种并引入欧洲;比利时人吉恩·林登率先栽培并开始销售,19 世纪在欧洲开始大规模栽培观赏,并发现了许多变种。为纪念引种者爱德华安德烈,故又有安祖花的谐音名。从此红掌作为商品开始风靡全球。

1940 年以来,各国纷纷引种、育种和生产,于是杂交种大量涌现。1956 年,世界花卉大国——荷兰用实生苗进行专业化栽培销售。荷兰、以色列、英国、德国和美国等国在红掌的产业化方面进展很快。其中荷兰的安祖花公司在红掌的育种、繁殖和生产闻名世界,阿沃·沃格尔斯安祖花公司、范德·维尔登公司、亨克·布拉姆种苗公司、门·范文公司等都是荷兰生产红掌的专业公司;荷兰还在波兰、意大利和印度建立了生产基地。美国的奥格尔斯比植物实验室,以色列的本泽苗圃和英国的汤普森·摩根公司等在红掌的育种和繁殖方面均占有重要地位。荷兰红掌切花产值为 3 190 万美元,占荷兰切花产值的第 11 位,盆花产值为 1 230 万美元,列第 18 位。红掌成为跻身于国际花卉市场的新星。

20 世纪 70 年代,中国科学院北京植物研究所开始对红掌引种栽培。直到 20 世纪 90 年代,我国红掌规模化生产才发展起来。进入 21 世纪,随着人们对红掌的喜爱持续升温及其购买力的增强,国内对红掌的需求量不断加大。

红掌从被发现至今,不过百余年的历史,通过园艺工作者的辛勤选育,逐渐成为举世公认的花卉名品更是近40年的事。为商业开发,以红掌作母本与许多父本杂交,获得了大量具有观赏价值和商业价值的杂交种,如红掌与林登花烛杂交后选育出的乳白色系列品种、玫瑰红系列品种,以及橙红色或黄橙色系列品种。近年来,随着红掌育种技术和资源收集的发展,在橙色系、珊瑚色系、粉色系、红色系、白色系这5种基本色系的基础上,又引入了4个新色系:绿色系、棕色系、紫色系和黄色系。除此之外,还选育出大花品种,其佛焰苞片硕大,达到20厘米,甚至更大。在近几年的国际花展中,已见到佛焰苞片为40厘米左右的新品种,其佛焰苞片的形状从卵圆形到三角形、菱形,其花序的颜色也越来越丰富,有暗血红、血红、玫瑰红及诸多的复色。

(二)红掌的栽培现状

红掌原产于南美洲的热带雨林,通常附生于树干、岩石或地表,性喜温暖、潮湿、半阴的环境,喜阳光而忌阳光直射,喜肥而忌盐碱,不耐寒,不耐阴。最适生长温度为20~28℃,最高温度不宜超过35℃,最低温度不宜低于15℃,低于10℃随时会有发生冻害的可能。最适空气相对湿度为75%~80%,不宜低于50%。保持栽培环境中较高的空气相对湿度,是红掌栽培成功的关键。因此,一年四季应经常进行叶面喷水。红掌喜光,但是不耐强光,全年宜在适当遮阴的环境下栽培,即选择有保护性设施的温室栽培。春、夏、秋季应适当遮阴,尤其是夏季需遮光70%以上。阳光直射会使其叶片温度比气温高,叶温太高会出现灼伤、焦叶、花苞褪色和叶片生长变慢等现象。因此,在人工栽培中,应该根据当地的地质环境条件,选择适宜的管理方式和栽培技术方法进行红掌的种植。

1.国外栽培现状

红掌早期的主要产区在夏威夷,该地的红掌生产基本不建造成本昂贵的玻璃温室,而以遮阳网为主,不使用高度机械化、智能化的工厂设备,而尽量利用当地的天然条件,生产有高度自我优势而极具出口能力、质量一流的切花商品。自20世纪80年代开始,美国出现了红掌疫病,夏威夷红掌产业明显滑坡。

荷兰是世界花卉王国,是世界上最大的红掌生产及贸易基地。由于荷兰全部采用现代化智能玻璃温室栽培,自动化程度很高,花的品质非常好,栽培面积也在不断扩大。荷兰属于地中海气候,仅能在温室生产热带花卉,产量则以5~8月最高。加勒比海地区是世界红掌商业化生产地之一,其种苗主要从荷兰进口,其中以牙买加、特立尼达和多米尼加共和国生产规模较大。非洲的毛里求斯,是世界第二大红掌出口国。目前,全球红掌种植面积为500公顷左右,其中荷兰达到78公顷,几乎占领了整个欧洲市场,其生产技术处于世界领先水平,切花产量达到 70 ~ 80 枝/米^2,且品质好。

2. 国内栽培现状

进入 21 世纪,随着我国人民生活水平的提高和国内花卉业的崛起,且受国际热带花卉市场不断升温的影响,国内开始了红掌的商业性栽培。随着消费时尚的转变和国民购买力的增强,社会对中高档花卉的需求加大,刺激了红掌生产规模的扩大。我国海南、广东、湖南、河北等地有较大面积栽培。20 世纪 90 年代初,北京的大兴、天津、厦门、海南和广东等地出现了大规模的红掌生产基地。

目前,国内红掌以设施栽培为主,除云南、海南、广东以外的其他地区均采用玻璃温室栽培,以高密度种植来提高单位面积产量。而云南、海南、广东气候相似,栽种方式基本相同,采用露天、遮阳网棚式栽培。现在云南、海南发展较快,而起步较早的广东、上海、四川和其他采用温室种植的地区现有面积增长较小。国内现有红掌种植面积还未达到 50 公顷,在花卉行业属于很小面积的单种花卉栽培,还有很大的市场发展空间。在市场销售上,云南、海南、广东、四川、重庆以鲜切花为主,其他地区以盆花为主。

我国盆栽红掌生产用苗主要从荷兰进口,如安祖花公司、阿沃·沃格尔斯公司、瑞恩公司都是荷兰著名的红掌种苗生产供应商。国内红掌栽培规模和分布情况见表 1-1,国内红掌主要栽种地的综合环境情况比较见表 1-2。

表 1-1 国内红掌栽培规模和分布情况

分布地点	栽植地点	栽植方式	资金投入（元/米^2）	种植密度（株/米^2）	主栽品种	发展时间（年）	面积（公顷）	2004 年（公顷）
云南	西双版纳	露天、遮阳网棚	25	9 ~ 12	鲜切花	2000	7.0	1.5
		遮阳网防雨棚	30	9 ~ 12	鲜切花	2003		4.0
	元江	露天、遮阳网棚	25	14 ~ 16	鲜切花	1999	4.0	1.5
		钢架塑料棚	80	14 ~ 16	鲜切花	2004		2.0
	红河	钢架塑料棚	80	14 ~ 16	鲜切花	2000	2.0	2.0
广东	珠海	钢架塑料棚	80	14 ~ 16	鲜花、盆花	1997	3.0	2.0
	香岛	钢架塑料棚	80	9 ~ 12	鲜切花	1994	1.0	1.0
	广州	钢架塑料棚	80	9 ~ 12	鲜花、盆花	1996	1.0	1.0
海南	海口	露天、遮阳网棚	25	9 ~ 12	鲜切花	1997	2.0	2.0
	儋州	露天、遮阳网棚	25	14 ~ 16	鲜切花	1997	1.0	2.0
	三亚	露天、遮阳网棚	25	14 ~ 16	鲜切花	1998	0.5	2.0
四川	成都	玻璃温室	400	14 ~ 16	鲜切花	1998	6.0	6.0
	攀枝花	玻璃温室	500	14 ~ 16	盆花	2003	1.0	1.0

分布地点	栽植地点	栽植方式	资金投入（元/米²）	种植密度（株/米²）	主栽品种	发展时间（年）	面积（公顷）	2004年（公顷）
重庆	重庆	玻璃温室	500	14～16	鲜花、盆花	1998	2.0	3.5
山东	济南	玻璃温室	500	14～16	鲜花、盆花	1999	1.0	0.5
河南	濮阳	玻璃温室	500	14～16	鲜花、盆花	1996	1.0	1.0
江苏	无锡	玻璃温室	500	14～16	鲜花、盆花	1998	1.0	1.0
浙江	萧山	玻璃温室	500	14～16	鲜花、盆花	1998	1.0	1.0
上海	上海	玻璃温室	500	14～16	鲜花、盆花	1998	0.5	3.0
北京	小汤山	玻璃温室	500	14～16	鲜花、盆花	1998	1.0	1.0
黑龙江	哈尔滨	玻璃温室	500	14～16	鲜花、盆花	2001	1.0	1.0

注：调查时间为2003年到2004年6月。

表1-2　各地主要栽种地发展红掌的综合环境情况比较

地点	栽植地点	生产成本	运输状况			质量表现			距主要批发市场	
			运输方式	运输条件	运输成本	颜色	光泽度	瓶插期	斗南	北京
云南	景洪	低	航空、汽车	好	低	好	好	长	近	远
	元江	低	汽车	差	低	差	差	短	近	远
	蒙自	较低	汽车	差	低	较好	差	长	近	远
广东	珠海	较低	航空、汽车	好	高	较好	好	短	远	远
	广州	较低	航空、汽车	好	高	较好	好	短	远	远
海南	海口	低	航空	好	低	差	好	短	远	远
	儋州	低	航空	差	低	差	好	短	远	远
	三亚	低	航空	好	低	差	好	短	远	远
四川	成都	高	航空、汽车	好	低	好	较好	长	远	远
	攀枝花	高	汽车	好	高		较好	短	远	远
重庆	重庆	高	航空、汽车	好	低	好	较好	长	远	远
山东	济南	高	航空、汽车	好	高	好	较好	长	远	远
河南	濮阳	高	航空、汽车	好	高	较好	较好	长	远	远
江苏	无锡	高	航空、汽车	好	高	好	较好	长	远	远
浙江	萧山	高	航空、汽车	好	高	好	较好	长	远	远
上海	上海	高	航空、汽车	好	高	好	较好	长	远	远
北京	小汤山	高	航空、汽车	好	低	较好	较好	长	远	近
黑龙江	哈尔滨	高	航空、汽车	好	高	较好	差	长	远	远

（三）红掌产业的发展趋势与建议

1.红掌产业发展趋势

☞红掌现阶段的繁殖方法仍旧依赖组织培养进行大量繁殖,虽然红掌是周年生植物,但是存棚期不能过长,需要不断培育新品种,提高植株品质,改善并优化栽培技术以满足市场的需求。

☞多花色已经成为产业的一个方向,今后的趋势可能会通过各种技术手段增加红掌颜色种类与颜色搭配,使其拥有更高的经济价值。

☞除了花色多元化,规格差异化也在种苗供应市场得到体现,中小盆径被视为一个重要的趋势。专家认为,中国下一个重要的市场开拓来自13~14厘米盆径的红掌。

☞国内红掌产品质量有很大提高,但相比进口红掌的品质还有一定差距,需要加大研发力度。国内红掌的主要品种来自国外,国内自产种苗可能存在侵权问题。因此,一方面要加强品种权的保护,另一方面要加快自主知识产权品种的开发。

2.我国红掌产业发展建议

☞应加强不同地区(特别是具有自然资源优势的地区)种植红掌的科学研究,选育适生优良品种,改进栽培技术,克服主要病虫害,提高商品花质量,取得更好的经济效益,才能使我国的红掌产业得到巩固和发展。

☞各地应根据气候条件、综合环境、消费习惯选择适宜的栽植品种,运输条件好的或离消费市场近的地区可以选择盆花品种;气候条件好但离消费市场远的则宜发展切花品种。

☞我国西部地区电力、煤炭资源丰富,发展耗能较高的高经济价值的设施花卉栽培,可以降低成本和有效发展西部经济,还可以享受优惠的政策扶持。

二、红掌的生长发育特性

（一）生态习性

1. 根

红掌原产于南美洲热带雨林中，处于潮湿半阴沟谷环境，常雾雨连绵，故性喜空气相对湿度高而又排水通畅的环境。野生的红掌常附生在大树上，有时也附生于岩石或陆生。红掌具有气生根，可以吸收营养，并可以从空气中吸收水分。红掌的主根不发达，从茎的基部节上生长出许多不定根，因此其根系为典型的须根系，或为肉质根系，见图2-1。

图2-1　红掌的根

2. 茎

红掌为多年生常绿丛生草本植物,枝干为藤茎,株高一般为 50~80 厘米,因品种而异。其茎很短,基本可以认为无茎。如在保护地栽培或盆栽,其茎随苗龄的增加也随之伸长,近圆形,节间短,节间略膨大,叶落后留有叶痕,见图 2-2。

图 2-2　红掌的茎

3. 叶

红掌的叶鲜绿或深绿,革质,全缘,互生,心形、长卵形或长圆披针形,厚实坚韧,叶脉凹陷,叶片长约 20 厘米,宽约 8 厘米,幼叶浅绿色或紫红色,叶从根茎抽出,具长叶柄,叶枕膨大,见图 2-3。其花茎自叶腋抽生,高出叶面,长 20~50 厘米,质硬。

图 2-3 红掌的叶

图 2-4 红掌的花

4. 花和果实

红掌为一叶一花,为杯状花形,由佛焰苞片和肉穗花序组成(图 2-4),花序圆柱形,金黄色或乳白色,佛焰苞片蜡质,正圆形至卵圆形,基部心形,向外开展,长 5 ~ 15 厘米,宽 4 ~ 12 厘米,肉质,表面光滑或皱褶,富有金属光泽,花色有红色、深红色、粉红色、绿色等;肉穗花序长 4 ~ 7 厘米,红色、黄色或绿色。花期 2 ~ 7 月,条件适宜可终年开花。佛焰苞片可维持 8 周或更长。红掌为两性花,但雌、雄蕊开花时间不同,一般雌蕊比雄蕊早开 30 天左右,因此抑制了自花授粉。红掌的异花授粉通过虫媒,如蜜蜂、甲虫、苍蝇等完成。授粉几个月后肉穗上形成浆果。果实初期为绿色,中期为柠檬黄色,成熟期暗紫色。授粉后 270 天左右种子成熟,成熟后应立即播种。

(二)生长习性

红掌原产于哥伦比亚南部热带雨林,现欧洲、亚洲、非洲皆有广泛栽培。其性喜温暖、湿润、半荫蔽的气候条件,喜富含腐殖质、疏松肥沃的微酸性土壤。忌高温和阳光直射,忌干燥,忌瘠薄,畏寒冷,要求高温、高湿环境,可忍受的最高温为 35 ℃,可忍受的最低温为 15 ℃。光强以 15 000 ~ 25 000 勒为宜,空气相对湿度以 75% ~ 80% 为佳,夏季需遮光 70%,光线过强会使叶片泛黄乃至变白。要求排水、通气良好的环境,不耐盐碱。

(三)生物学特性

红掌生长较慢,幼苗生长 2 年左右才能开花,进入花期后,花与叶轮流生长,一片叶下抽生一枝花,寿命较长,做切花栽培植株,可连续应用 10 年以上。条件适宜,可周年开花。优良品种单株可年产切花 12 枝以上。切花耐水养,瓶插寿命 3 ~ 4 周。植株常绿,逐年生长后,茎也慢慢伸长。老株常因茎高而不稳,产生侧伏或侧向倾倒现象。

红掌是一种阴生性的热带植物,喜欢高温和高湿的环境条件。它的叶比较厚,表现为革质,在强光下,相对于其他植物水分蒸发较少,植株温度不会明显下降,易导致植物叶和花变褐色或灼伤。在保护地条件下,很难持续保证像热带原始丛林那样的气候条件,但这不是必要的。环境在一定范围内的微小变化,不但对植物生长无害,甚至更有利,特别是当温度和空气相对湿度适应,占优势的光强和日照变化时,可能会提高红掌切花的产量。

1. 温度

红掌为热带植物,适宜在较高且稳定的温度下生长,不耐寒。一般红掌的最适温度条件是日温 25 ~ 32 ℃、夜温 21 ~ 24 ℃,当温度超过 32 ℃时会造成叶烧、苞片褪色并降低花朵寿命的现象。夜温在 5～10 ℃ 环境下,则植株生长缓慢,并造成下位叶的黄化。红掌对霜害或寒害的反应相当敏感。为了使植物在最适条件下生长,植物周围的气温应与优势光强和日照长度相配合。因此,白天和晚上的温度应有明显的差异。夜晚的温度定为 18 ℃,在白天则尽可能把温度调至与当时优势光强相适应。在阴天尽可能把温度控制在 18～20 ℃。在冬季或春季的晴天把最高温度控制在 24～25 ℃。在夏季尽量使温度不超过 29 ℃,超过 35 ℃ 时,很可能会使植物出现灼伤症状或生长停滞,应当尽可能避免这样的高温。寒冷和潮湿易引起植株根系腐烂。

2. 光照

红掌是一种阴生植物,但这并不意味着它对光照不敏感。它对有效光仍有明显的反应。其产量在夏季最高,在冬季和春季最低。而且切花收货后的芽生长速度(或生长周期)在每个季节中都会受到光质的影响。研究表明,通过增加温室中的光照强度可大大提高花的产量,尤其侧芽长得更好,并能长出更多优质的花。通常大部分的红掌在光照强度 15 000～25 000 勒的环境下生长良好,当光照强度高于 25 000 勒时,会促进侧芽的产生,但同时会造成花和叶片变褐色。某些盆花生产者则利用这一特性,在培育早期利用高光强度来促进侧芽产生,而后再将植株移到低光强度环境下来改善花和叶的品质,以生产出高品质的盆花。一般而言,红掌初花品种所适宜的光照强度因品种而异。过高的光强会导致花和叶的凋萎,对植株损害较大,过高光强并不是导致植物损伤的唯一原因,但总而言之是由于过量光强引起植物水分的暂时亏损。光是能源,光照越强植物水分蒸发越多,但光照强会使产量提高,这是公认的。同大多数其他植物一样,最终的栽培措施主要是依据冬、春两个季节对作物不同要求而定。在冬季半年里不会出现较强的光照,因此,应采取一切办法尽可能多地把自然光线引进温室,这意味着必须有干净的玻璃和无荫蔽的温室。在夏季,多数情况下,我国大部分地区的光照强度远远大于植株的最适光强,因此需要根据实际情况适当遮阴,以满足植株正常生长发育所需的最适光照强度条件。

3. 水分

水是植物重要组成部分,约占草本植物鲜重的 90%,水又是植物各项生理活动不可缺少的因子,如果没有水,植株的各项生理活动就要停止,植物就会死亡。影响红掌切花生长发育的水分主要是土壤相对湿度和空气相对湿度。

由植物根部吸收土壤中的水分,经输导组织运向植株的各个部分。红掌属于阴生性植物,具有肉质化的气生根。红掌的这一特性决定了其栽培介质必须具有良好的排水透气性,即介质的含水量不能过高,介质的空隙要大,保证有足够的氧气供植物呼吸作用所需,否则红掌根系十分容易腐烂。当空气相对湿度足够高时,红掌气生根可以吸收空气中的水分。因此,就土壤相对湿度和空气相对湿度而言,栽培时宜保持较低的介质相对湿度,较高的空气相对湿度,这对于保证植物的正常生长十分有利。

空气相对湿度是决定植物蒸腾强度的因素之一,如前所述,红掌对空气相对湿度十分敏感。在长期的高温条件下,花会变得十分脆弱,其苞片也可能受到损伤或变色,植物在高温下要比在低温下生长得更快。低温下,由冷凝造成的植物暂时性增温会使植物生长停滞、叶片皱缩以及苞片长出绿芽。空气相对湿度急剧下降也容易导致生长停滞以及叶和花的灼伤。当根部供水良好时,由低温及温度骤变而引起的植物损伤将会减少。在夜间,应尽量将空气相对湿度控制在90%以下;在阴天则尽量保持在85%以下;在非常晴朗的天气里应设法使空气相对湿度维持在60%以下,同时,可通过逐渐打开加湿器的方法防止温度的突然下降。对于红掌来说,如果要在高温和低空气相对湿度两者间选择其一时,则应优先选择前者——高温。

在红掌栽培过程中,还应注意灌溉、洒水的水质,所有灌溉水都含有一定数量的溶解性盐,总盐度和主要成分可以决定水的质量。水中主要阳离子为:Ca^{2+}、Mg^{2+}、Na^{2+}、K^+,阴离子为:CO_3^{2-}、HCO_3^-、Cl^-、SO_4^{2-}、NO_3^-。在正常情况下不必测定各离子含量,因为其浓度很低。一般情况下,在种植前应对灌溉水的酸碱度(pH)和电导率(EC)进行测定,做到心中有数。栽培过程中可以隔一段时间测定一次,观察水质是否有变化,间隔时间根据使用的水源而定。水质以清澈的活水为上,如河水、湖水、雨水、池水。避免使用死水或含矿物质较多的水,如井水等。目前在国外,比较流行使用收集雨水的方法来灌溉。当然这需要在雨量比较充沛的地区使用。使用雨水灌溉的优点是可以节省水源,而且雨水相对来说不易被污染,用于灌溉比较安全,不过在使用前也必须对水质进行测定。若使用自来水,应注意当地自来水水质,可采取存水的方法,让氧、氯离子以及其他重金属离子等有害物充分挥发、沉淀后再使用。红掌要求的灌溉水水质,以 pH 6~7,EC 小于 0.5 毫西/厘米为宜。

4.空气

根据气体对切花生长发育的影响可将气体分为有益气体和有害气体两大类。有益气体包括氧气、二氧化碳等,有害气体包括二氧化硫、氯气、氨气、一氧化碳等。

新鲜的空气是植物进行光合作用和呼吸作用的重要条件。空气中含氧21%,二氧化碳0.03%。在自然环境中,各种气体成分有很大变化,如不及时通风,就会使有害气体增多,有益气体减少,而影响植物的正常生长发育。

有实验证明,当二氧化碳浓度从0.03%增加到0.3%,植物的光合作用随着增加;当进一步增加到30%,则光合作用停止。植物所能忍受的二氧化碳最大浓度为800毫克/升,超过800毫克/升会对植物产生伤害。在保护地栽培中,往往因覆盖而使二氧化碳浓度降低,尤其在白天日光下,保护地设施内的二氧化碳可降到0.01%以下。因此,新近发展起来的保护地二氧化碳施肥技术在提高切花产量和品质方面有重要的应用价值。据国外报道,在温室栽培条件下,白天室温 21～31℃ 时,将室内空气的二氧化碳浓度提高到 1 000 毫克/米³ 时,切花产量是比较理想的。有害气体方面,特别是工厂排放的废气,如氯气、二氧化硫、氟等,将危害植物的正常生长发育,应引起栽培者的高度注意。

5. 栽培介质

根据红掌的原始生长环境及其植株本身的特性来看,红掌所需的栽培介质必须是排水、透气性好,能有效保持水分及肥分,不易分解、腐烂和塌陷,不含任何对植物生长有害的成分,且能稳固支撑植株的材料。栽培介质可以由不同材料组成,这需根据当地可获得的材料而定。依据栽培介质需要满足的条件,荷兰的种苗公司推荐使用的介质包括:插花泥、岩棉、椰壳。我国台湾生产者目前使用的介质包括椰壳、碎石、蛇木屑、插花泥、蔗渣、刨木屑及谷壳等。除此之外,针叶林土、泥炭、熔岩及聚酚泡沫等也可作为红掌栽培的介质。

相对其他栽培来说,红掌的栽培基质种类很多,根据一些调查和信息来看,各种红掌品种的栽培实验报告不同,但各种基质间相差不大。

(1)**针叶林土** 目前,仍有不少种植户使用针叶林土而获得了良好的栽培效果。而它被其他基质所取代的部分原因是因为过于耗费材料。苗床收缩以致在苗床底部会形成渣团,那里的根系长势会很差,并造成根腐现象严重。为了解决这个问题,通常每两年对苗床进行一次填充,以形成一个通气性良好的根部环境。这种填充工作很费劳力,因为每填充 1 000 米³ 需要 60～90 小时,而且填充过程中可能损伤花芽或花。针叶林土大多都与线虫直接接触,用这种基质栽培容易发生再污染。

(2)**泥炭** 泥炭常与聚酚泡沫相提并论,一般来说粗泥炭不需要再做填充,但有时每次栽培需要做一次填充,以维持其原结构。在施肥方面,泥炭土可与人工基质相媲美。

(3)**聚酚泡沫** 与针叶林土相比,聚酚泡沫更有利于根系发育。苗床填以聚酚泡沫,并用塑料与土地分隔开来,其优点是可以避免来自土地的感染。由于泡沫基质的破碎现象,以及为了促进新根的生长,每次栽培中还需做一次填充。

(4)**石棉颗粒与蛭石** 石棉是天然纤维状的硅质矿物的泛称,是一类特殊的具有纤维结构,且能分解为细纤维的矿物。从化学成分来看,石棉是二氧化硅、氧化镁、氧化钙(铁或铝)和结晶水等组成的硅酸盐。石棉颗粒应用广泛,它既被应用于 5 升、7 升和 10 升的盆栽中,也用于苗床栽培的排水系统中。用石棉颗粒的苗床与聚酚泡沫的苗床相比可以不受底土的侵袭。

蛭石是一种天然、无毒的矿物质,在高温作用下会膨胀。它是一种比较少见的矿物,属于硅酸盐。其晶体结构为单斜晶系,从外形上看像云母。蛭石是一定的花岗岩水合时产生的。它一般与石棉同时产生。蛭石具有良好的阳离子交换性和吸附性,可改善土壤的结构,保水保湿,提高土壤的透气性和含水性,使酸性土壤变为中性土壤。阻碍 pH 的迅速变化,使肥料在作物生长介质中缓慢释放。可向作物提供自身含有的钾、镁、钙、铁以及微量的锰、铜、锌等元素;保肥、保水、储水、透气。

（5）熔岩 为了挑选上述基质替代物,有人选用了熔岩粒来进行盆栽,植物的稳定性变好,因为盆栽变得较重,不会发生冬季因蒸发量小而导致的湿盆现象,与聚酚泡沫和石棉颗粒相比,使用熔岩的缺点是每升基质中供根生长的空间小。因此,这种基质得不到广泛的应用,因涉及与环境相关的问题,这方面应引起广泛的重视。

6. 对营养的要求

植物吸收肥料的特性和吸收量与植物的原产地有关,品种之间也有较大的差异。红掌与其他植物一样需要吸收各种营养元素,才能维持其正常的生理机能,进行旺盛的生长,获得理想质量的切花,达到栽培目的。

红掌的正常生长发育需要适中、连续的完全营养元素的供应。在红掌组织中对镁的需要量高于其他大多数观叶植物。尤其在气温较高的环境下,由于红掌为多年生栽培花卉,生长具有长期性,因此,要注意确保有持续可利用的镁供应植物生长。每立方米栽培介质中,添加 5.94 千克白云石和 1.59 千克高钙生石灰用以平衡介质中钙、镁的比例。定期叶面喷洒镁肥,如硝酸镁盐等,可以预防植物生长所需镁元素的缺乏。当植株生长 24 周以后,可在栽培介质表面施用白云石或其他镁肥,确保有连续不断可利用的镁供给植物生长需要。

红掌栽培应避免使用氮含量高的肥料,尤其在红掌苗定植后,整个施肥计划中,液体肥料氮的含量不应超过 150 毫克/升,对于成品株,氮含量偶尔达到 400 毫克/升,植株也是可以接受的,但随后必须灌水。研究表明,植物在不断供给 300 ~ 400 毫克/升氮时,生长会减慢,花褪色,并且生出厚而畸形的叶。当使用顶部喷淋的方法使用液体肥料时,应该用清水及时淋洗植株叶片,否则残留在植株叶片上的液体肥料会伤害叶片,在叶片上形成灰色木栓状瘢痕。施用固体肥料时,应经常灌水以减轻盐的富集,使植株免受盐害。使用缓释肥料时应注意植物的生长周期,如果植物需要应及时补充,避免营养元素的缺乏。

三、红掌的分类与品种

（一）分类

红掌在植物分类上，属于天南星科，安祖花属，多年生，常绿，观花观叶兼备的草本植物。美国称其为尾花，英国称其为安祖花，南美洲称其为鸡冠，荷兰称其为漆花，有些国家还称其为火鹤花。我国对红掌的叫法也很多，如安祖花、花烛、灯台花、火鹤花、火鹤芋等。

作为商业开发，现在一般把红掌分为4个基本类群：①红掌；②火鹤花；③种间杂种红掌；④观叶红掌。其中主要的是红掌和火鹤花，尤以红掌的产量占绝大部分。二者的形态区别在于：红掌的肉穗花序是直的，呈黄色或红色，花梗长，主要用作切花，也适合盆栽观赏，叶片心形，较大，佛焰苞片红色、粉色、橙色、绿色、白色、紫色或混合色；而火鹤花的肉穗花序是弯曲的，呈红色，花梗短，只适于做小型盆栽，叶片呈宽披针形，叶柄短。种间杂种红掌的花型小至中等，比红掌的小，但花数多，株形较丰满、致密，是很好的盆栽花卉。观叶红掌的品种很多，叶形及大小各异，产量在红掌中只占一小部分。

（二）主要栽培品种

商业栽培的红掌品种繁多，通常按生长习性和观赏价值分为切花品种和盆栽品种。它们因佛焰苞片（俗称花朵）鲜艳夺目、外被蜡质、形状独特、保鲜期长而成为高档场合的重要摆设。同时，由于红掌耐阴性强，叶色青绿，既可观花，又可赏叶，盆栽品种也是良好的室内观赏花卉。

1. 主要切花品种

（1）**吉祥** 佛焰苞片红色，肉穗花序上端淡黄色，下端乳白色，见图3-1。

图 3-1 切花品种——吉祥

（2）**热情** 佛焰苞片橘红色，肉穗花序淡粉色，上端颜色稍重，见图 3-2。

图 3-2 切花品种——热情

（3）**鸿运当头** 佛焰苞片暗血红色,肉穗花序上端金黄色,下端淡乳黄色,见图3-3。

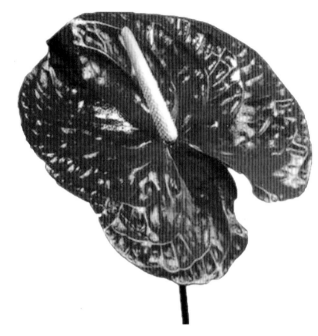

图3-3 切花品种——鸿运当头

（4）**丘比特** 佛焰苞片暗血红色,肉穗花序上端黄绿色,下端象牙白色,衔接处淡黄色,见图3-4。

图3-4 切花品种——丘比特

（5）**吉尔斯**　佛焰苞片鲑肉色,肉穗花序上端翠绿色,下端淡黄色,衔接处米黄色,见图 3-5。

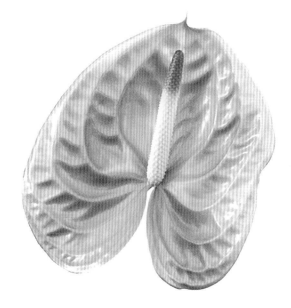

图 3-5　切花品种——吉尔斯

（6）**罗莎**　佛焰苞片鲑肉色,肉穗花序上端淡绿色,下端象牙白色,衔接处淡黄色,见图 3-6。

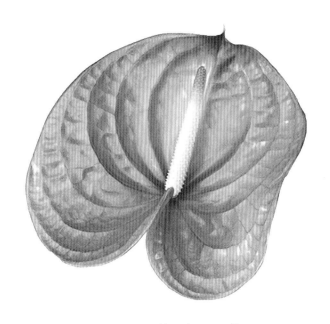

图 3-6　切花品种——罗莎

（7）**雷格** 佛焰苞片鲑肉色，肉穗花序顶端金黄色，下端象牙白色，衔接处鲜明，见图3-7。

图3-7 切花品种——雷格

（8）**奏鸣曲** 佛焰苞片鲑肉色，肉穗花序较粗，深玫瑰红色，上端颜色稍重，见图3-8。

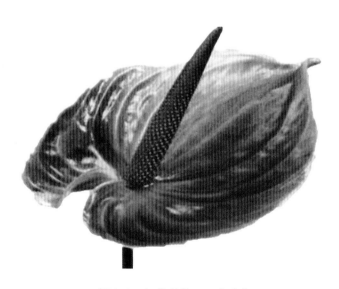

图3-8 切花品种——奏鸣曲

（9）**紫雨**　佛焰苞片狭窄,玫瑰紫色,肉穗花序紫黑色,见图3-9。

图3-9　切花品种——紫雨

（10）**蝎子**　佛焰苞片粉紫色,肉穗花序紫红色,见图3-10。

图3-10　切花品种——蝎子

（11）**密多妮** 佛焰苞片翠绿色,肉穗花序上端深绿色,下端乳黄色,衔接处淡绿色,见图3-11。

图3-11 切花品种——密多妮

（12）**天使** 佛焰苞片明亮的白色,肉穗花序上端绿色,下端淡黄色,见图3-12。

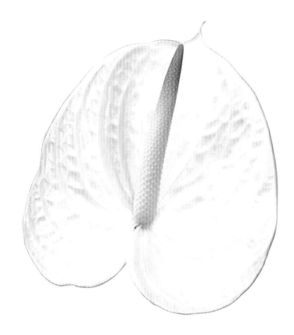

图3-12 切花品种——天使

（13）**小丑**　佛焰苞片白色,边缘红色,肉穗花序上端金黄色,下端淡黄色,见图3-13。

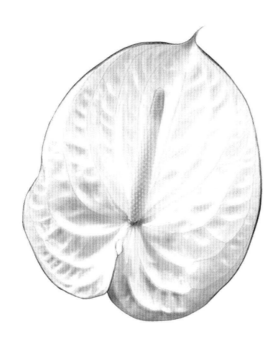

图3-13　切花品种——小丑

（14）**奇幻**　佛焰苞片白色,沿苞片脉和边缘红色,肉穗花序玫瑰红色,见图3-14。

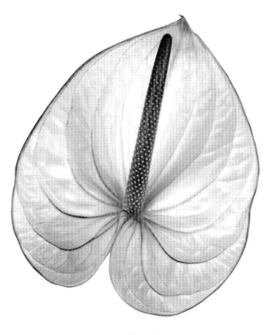

图3-14　切花品种——奇幻

（15）**海滩** 佛焰苞片白绿色,沿苞片脉红色,肉穗花序顶端深绿色,下端乳白色,衔接处橘红色,见图3-15。

图3-15 切花品种——海滩

（16）**巨汉** 佛焰苞片先端白色,基部绿色,肉穗花序上端金黄色,下端淡黄色,见图3-16。

图3-16 切花品种——巨汉

（17）**瀑布** 佛焰苞片狭长,先端绿色,基部白色,肉穗花序上端橘黄色,下端淡橘黄色,见图3-17。

图3-17 切花品种——瀑布

（18）**苏丹** 佛焰苞片先端玫瑰红色,基部绿色,肉穗花序玫瑰红色,见图3-18。

图3-18 切花品种——苏丹

（19）**将领** 佛焰苞片先端鲑肉色,基部绿色,肉穗花序上端淡绿色,下端乳白色,衔接处淡黄色,见图3-19。

图3-19 切花品种——将领

（20）**参议员** 佛焰苞片先端鲑肉色,基部绿色,肉穗花序上端翠绿色,下端淡黄色,见图3-20。

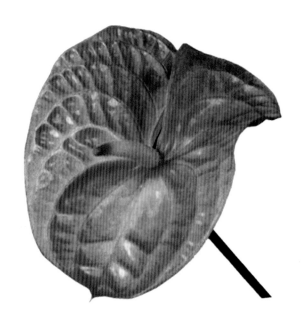

图3-20 切花品种——参议员

2. 主要盆花品种

（1）**阿拉巴马** 是大美系列之一，中花型，佛焰苞片深红色，花径10厘米，株高40~50厘米，株形丰满，叶色深绿，见图3-21。

图3-21 盆花品种——阿拉巴马

（2）**粉阿拉巴马** 是阿拉巴马的姊妹，佛焰苞片糖果粉色，见图3-22。

图3-22 盆花品种——粉阿拉巴马

（3）**白冠军**　佛焰苞片白色,肉穗花序浅黄绿色,小花型,株形丰满,适宜小盆径种植,见图3-23。

图3-23　盆花品种——白冠军

（4）**俄罗斯**　佛焰苞片红色,肉穗花序顶端黄色,下端象牙白色,适用于多种盆栽和耐寒性栽培,见图3-24。

图3-24　盆花品种——俄罗斯

（5）**潘多拉**　佛焰苞片大,粉红色,叶片美观,是市场上株形极佳的盆栽品种,见图3-25。

图3-25　盆花品种——潘多拉

（6）**马蒂兹**　佛焰苞片橙色,株形艺术感极佳,见图3-26。

图3-26　盆花品种——马蒂兹

（7）**马都拉** 佛焰苞片红色，肉穗花序淡绿色，见图3-27。

图3-27 盆花品种——马都拉

（8）**亚利桑那** 佛焰苞片红色，肉穗花序淡黄色，见图3-28。

图3-28 盆花品种——亚利桑那

（9）**大哥大** 佛焰苞片红色,肉穗花序黄色,最流行的红色品种之一,见图3-29。

图3-29 盆花品种——大哥大

（10）**蒙旦娜** 佛焰苞片白色,适合11～15厘米盆栽种植,见图3-30。

图3-30 盆花品种——蒙旦娜

（11）**短笛**　佛焰苞片红色,肉穗花序暗红色,见图3-31。

图3-31　盆花品种——短笛

（12）**婴儿**　佛焰苞片心形,明亮的红色,适于多种栽培,甚至9厘米直径的小盆也可种植,见图3-32。

图3-32　盆花品种——婴儿

（13）**阿尔梅拉** 佛焰苞片宽卵形,红色,株形小,适于小盆径种植,可开大花,见图3-33。

图3-33 盆花品种——阿尔梅拉

（14）**阳离子** 佛焰苞片宽阔,排列紧密,深红色,品种优良,大花型,株形优美,适合各种尺寸盆栽,见图3-34。

图3-34 盆花品种——阳离子

（15）**阿拉姆** 佛焰苞片深棕色,肉穗花序上端淡绿色,下端乳白色,衔接处淡黄色,见图3-35。

图3-35 盆花品种——阿拉姆

（16）**焦利桃** 佛焰苞片桃红色,肉穗花序淡绿色,高品质优美品种,见图3-36。

图3-36 盆花品种——焦利桃

（17）**马杜特橙** 佛焰苞片橙色，叶片深绿闪亮，适合大盆径种植，见图3-37。

图3-37　盆花品种——马杜特橙

（18）**神秘** 新品种，大花型，佛焰苞片主色白色，被红色浸染，带有红唇，适合17厘米盆径种植，见图3-38。

图3-38　盆花品种——神秘

（19）**骄阳** 中花型,佛焰苞片红色,株形丰满,大小盆径均适合种植,见图3-39。

图3-39 盆花品种——骄阳

（20）**特伦萨** 佛焰苞片是流行的光泽红,花和叶子都闪闪发光,见图3-40。

图3-40 盆花品种——特伦萨

（21）**目标**　中花型,佛焰苞片桃红色,花径 10 厘米,株高 50 ~ 60 厘米,花期长达 4 个月,见图 3-41。

图 3-41　盆花品种——目标

（22）**真爱**　中花型,生长速度快,株形饱满,色泽艳丽,见图 3-42。

图 3-42　盆花品种——真爱

（23）**甜梦**　中花型,佛焰苞片糖果粉色,叶色美丽闪亮。该品种具有良好的耐寒性,适合不同盆径种植,见图3-43。

图3-43　盆花品种——甜梦

（24）**犹他**　紫色大花型,佛焰苞片和肉穗花序均为紫色,株形丰满,植物结构美观,见图3-44。

图3-44　盆花品种——犹他

（25）**爱迪生**　大花型,佛焰苞片亮红色,见图3-45。

图3-45　盆花品种——爱迪生

（26）**肯塔基**　新的红色品种,属大美系列,最适合 14 ~ 17 厘米盆径种植,见图3-46。

图3-46　盆花品种——肯塔基

（27）**粉冠军**　小花型,佛焰苞片粉色,株形丰满,适宜小盆径种植,见图3-47。

图3-47　盆花品种——粉冠军

（28）**皇家冠军**　具有皇家外观的品种,株形丰满,适宜各种盆径种植,与"白冠军"、"粉冠军"为同一个系列,见图3-48。

图3-48　盆花品种——皇家冠军

（29）**香草**　中花型，现有品种中唯一的黄色品种，佛焰苞片具有独特的黄色，适于12~14厘米盆径种植，见图3-49。

图3-49　盆花品种——香草

（30）**阿里斯顿**　小花型，佛焰苞片红色，肉穗花序粗大，株形丰满，适宜小盆径种植，见图3-50。

图3-50　盆花品种——阿里斯顿

（31）**香妃**　小花型，佛焰苞片和肉穗花序均为紫色，适宜小盆径种植，见图3-51。

图3-51　盆花品种——香妃

四、红掌的繁殖技术

红掌的繁殖有播种繁殖、分株繁殖、扦插繁殖、组织培养等方式,目前主要通过有性杂交获得种子,培育优良植株。但是由于红掌是异花授粉植物,高度杂和的杂种种子后代会有广泛的性状分离,变异很大。因此,生产中常采用分株、扦插和组织培养等无性繁殖方法,以便获得与母株性状相同的植株。

(一)有性繁殖

有性繁殖过程就是通过有性杂交过程得到种子,用种子繁殖的方法。用种子繁殖的量比较大,方法简便,得到的苗根系完整,生长健壮,寿命长。种子也易携带、流通、保存和交换,但由于有性杂交会使后代发生变异,因此,此方法不利于优良性状的保存。此法一般只在品种选育中使用。

当红掌肉穗花序上有白色花粉散落时,用清洁干燥的毛笔蘸上花粉涂抹柱头,进行人工授粉。270 天左右种子成熟,成熟后的种子应及时播种。播种时以草炭、泥炭等作为基质,采用点播,覆土层不要太厚,一般在 1 厘米左右为宜。温度控制在 25～30℃,空气相对湿度 80% 以上,在散射光照射下,15～20 天可以出芽。苗长到一定高度,即可移到露地或花盆中栽培。

(二)无性繁殖

无性繁殖是指利用植物的不同器官通过扦插、分株、嫁接及组织培养等方法对其进行繁殖,从而获得新植株的方法。

1. 扦插繁殖

扦插繁殖,将较老枝条剪下,去除叶片作为插条,或将地上茎每隔 1～2 节剪断,每一段为一个插条,用热水浸泡插条(49℃,10 分),然后基部用 0.8% 吲哚丁酸处理,这样可促进生根和芽的发育。将插条直插或平插于沙床中,在 25～30℃ 的气温条件下,3～5 周即可陆续长出新根和新芽,成为独立的新植株。扦插法只适用于有直立茎的品种,时间应选择在春天气温回升时结合换盆进行。该方法繁殖效率有限,周期长,增殖苗性状整齐,且常导致母本严重带病,插条生长不佳。

2. 分株繁殖

在春季选择 3 片叶以上的子株,从母株上连茎带根切割下来,用水苔包扎移栽于盆内,经 3~4 周发根成活后重新栽植。

红掌具有较强的分蘖能力,可以结合间苗、移苗及切花除芽等工作,将母株上的中小侧芽与母体分离,再将侧芽培养成新的植株,具体方法须按以下几个方面进行:

a. 分株繁殖一般在春季结合换盆进行,秋季阴凉天气也可分株。切忌在炎热的夏季或干燥寒冷的冬季分株。

b. 分株时须注意以不伤母株为原则,太大的侧芽不分,靠太紧的侧芽不分,太弱小的侧芽也不分,主要分出比较容易与母株分离且较为健壮,至少有 2 条主要根系以上的侧芽。

c. 移植苗时,分株可用手均匀用力,将侧芽与母株在地下茎芽眼处分离,较难分离时用锐利的消毒刀片在位于芽眼处将其切开。切花除芽分株需先拨开土层,注意根系的分布以及地下茎芽眼处,小心地将芽眼处切开,再取出侧芽,见图 4-1。

d. 切开的侧芽待伤口稍干后,将其假植于阴凉处进行促根及恢复生长。种植时须使根系平展,植株直立,必要时进行支撑,种后不能立即浇水,可向叶面喷水保持湿度,2 天后即可依情况进行浇水或施稀薄肥液。

分株繁殖和扦插繁殖的缺点是生长较慢,且材料难以消毒。

图 4-1　用手工掰取的方式分取小苗

（三）组织培养的繁殖技术

植物组织培养是指利用植物细胞的全能性,将植物的器官、组织、细胞等在人工培养基上维持、生长及分化,最后形成完整植株的繁殖方法。这一技术除能快速繁殖植物外,还能对由于长期扦插或分株繁殖造成的病毒的累计进行脱毒培养,使优良性状得到很好的保持。红掌组培微繁法途径包括茎尖直接获得无菌苗途径、愈伤组织诱导和不定芽再生途径、由外植体直接再生不定芽途径,以及体细胞胚胎发生途径。与传统繁殖法相比,组织培养法不仅可提高繁殖系数,保持优良品种的特性,也可促进生产效益和经济效益。自从 1974 年 Pierik 等首次通过愈伤组织诱导不定芽形成,并进行快速繁殖红掌以后,人们不断地改进和优化,红掌的组织培养技术已经广泛地运用于生产,见图 4-2。

图 4-2　利用植物组织培养技术繁殖红掌

红掌组织培养的技术路线为外植体(叶片、叶柄、茎尖、侧芽和花序轴等)经培养后获得愈伤组织,由愈伤组织诱导形成不定芽,再由不定芽经培养得到丛生芽,继代培养获得大量丛生芽,对丛生芽进行生根培养获得完整植株,将完整植株进行移栽驯化即可进入生产环节了。

1. 材料的选择

为了达到植物经无性繁殖能最好保持品种的优良特性,外植体必须来自成品植株。国内外报道,红掌组织培养采用的外植体有叶片、叶柄、茎尖、侧芽和花序轴,其中叶片和叶柄是主要的外植体。外植体的取材直接决定着植株能否再生。外植体的部位、大小和生理年龄不同,对培养的结果有很重要的影响。各种外植体的生理状态对其脱分化和再分化能力的影响也较大,如新展开的叶片比未展开的新叶强,而成熟功能叶完全失去脱分化能力。一般选择植株上幼嫩的部位作为外植体,最理想的外植体为幼嫩的叶片基部靠近叶柄处、带叶脉的叶片、叶脉集中的部位,容易诱导愈伤组织。一般愈伤组织诱导率叶片基部>叶片中部>叶尖,不含叶缘叶片>含叶缘叶片,叶片大小以 1 厘米^2 为宜。红掌新抽出的叶片展叶 2～3 周时,愈伤组织诱导率最高,诱导所需的时间也最短,其余诱导率高低依次为未展开叶片、刚转绿成熟叶片和深绿色的老叶片。叶柄上段的外植体比中下段的愈伤组织诱导率高。

2. 外植体的准备

首先用自来水将外植体冲洗 30～60 分,然后于无菌室超净工作台上用 75% 的酒精充分浸没外植体处理 30 秒,之后用无菌水冲洗 4 次,再用灭菌剂充分浸泡 5～30 分,不同灭菌剂处理时间不同(如用 0.1% 氯化汞,处理 5～10 分;如用次氯酸盐作为灭菌剂,处理时间在 10～30 分),最后用无菌水反复冲洗 3～4 次,并反复震荡以彻底将灭菌剂清除掉,再用无菌滤纸吸干多余的水分后,待用。在灭菌处理时,幼嫩的材料处理时间要相对短些,老的材料如老叶子或种子可以适当延长灭菌剂处理时间。

3. 基本培养基

在红掌组织培养中,诱导愈伤组织的基本培养基一般选用改良 MS、1/2MS 或 Nitsch。当叶片接种到上述几种培养基时,愈伤组织发生率及发生速度依次为 1/2MS>MS>N6>B5>White。多数研究结果认为,培养基中大量元素的浓度对红掌离体形态发生的作用是非常重要的,降低 MS 中硝酸盐的含量有利于愈伤组织的发生,低浓度氨盐有利于红掌愈伤组织的诱导。

4. 植物生长调节物质

植物生长调节剂在组织培养中起着重要和明显的调节作用。愈伤组织芽分化往往是多种激素相互平衡及协同作用的结果,激素配比最重要。目前,常采用细胞分裂素和生长素组合进行愈伤诱导及分化。细胞分裂素大多为 6-BA,KT,ZT,2-ip。细胞分裂素和生长素的配比是得到有效愈伤组织的关键,单独使用某种激素并不能有效地诱导愈伤脱分化及再分化。常用于和细胞分裂素相配合进行脱分化的生长素为 2,4-D,但形成愈伤组织后应及时将 2,4-D 撤掉,否则对愈伤组织的分化有抑制作用。而较高浓度的 6-BA 与 NAA,有利于愈伤组织不定芽的形成。红掌试管苗生根较容易,一般生根培养时与愈伤组织诱导生长调节物质的使用不同,要求生长素的浓度高,而细胞分裂素的浓度要低,一般常用于生根的生长素为 NAA、IAA、IBA。组织培养成功与否,与材料的基因有着密切的关系,因此,在针对不同品种时,要对生长调节物质种类及用量做调整。

5. 培养条件

接种后材料置于培养箱中培养,温度为 25℃±2℃,光照时间为 12 时/天,光强 1 500～2 000 勒。

6. 移栽驯化

当试管苗株高 3 厘米左右,新叶数达到 4~6 片,气生根达到 6~8 条,并伴有部分侧根时,可以进行试管苗的移栽驯化。瓶苗先移出培养室放到过渡室 7~10 天,然后逐渐打开瓶盖,让瓶内外空气交流,1~2 天后取出苗,清洗根部的培养基后移栽至基质中。基质可以是草炭土、珍珠岩、蛭石、园田土和细河沙等的混合,切记用前要做灭菌处理。在温度 25~30℃,空气相对湿度 80% 左右,光照以散射光为主的条件下培养(图 4-3)。当长出新叶时就说明植株已经适应自然环境,可以进入苗圃或盆栽了。

图 4-3　红掌组培苗苗床炼苗图

7. 组织培养中需要注意的问题

褐化是红掌组织培养中经常会出现的问题。外植体褐化是指在组织培养过程中,由外植体向培养基中释放褐色物质,致使培养基逐渐变成褐色,培养材料也随之慢慢变褐而死亡的现象。褐化的发生是由外植体中的酚类化合物与多酚氧化酶,被氧化形成褐色的醌类化合物,醌类化合物在酪氨酸酶的作用下与外植体组织中的蛋白质发生聚合,进一步引起其他酶系统失活,导致组织代谢紊乱,生长受阻,最终导致植体材料逐渐死亡。外植体组织受伤害程度直接影响褐变。因此,在切取外植体时,应尽量减小伤口面积,以减少褐变。采用叶片为外植体更容易褐变,在防止褐变过程中具有重要作用的吸附剂活性炭或聚乙烯吡咯烷酮(PVP 是酚类物质的专一吸附剂),对于褐变问题的解决具有很好的效果。

(四)人工种子

我国率先进行了红掌人工种子的研制。邓志龙等将红掌无菌苗叶片诱导产生的带芽的致密愈伤组织切成规则的小块,经生根诱导后进行固定化培养,筛选具有根和芽结构的培养物,然后再包埋成人工种子,直播于天然无菌土获得成活。杨光孝等进一步研究发现,采用 5% 酯类共聚物乳液涂膜人工种子和在人工胚乳中加入 0.1% 活性炭的措施,可提高发芽率,使发芽率高达 71.4%。

五、红掌的栽培管理技术

（一）栽培技术要点

1.栽培计划的制订

根据现有的栽培环境选择适宜的品种,并制订详细的栽培计划,包括品种及种苗的选择、基质的选择与处理、栽培方式、日常管理、病虫害防治等。

（1）**品种及种苗的选择** 主要根据市场需求进行选择,所选品种一定要受到市场的欢迎,同时也要具备良好的抗逆性、植株健壮、适宜栽培地区的气候。对于种苗的要求为植株高度整齐,根系发育良好、健壮,根系量多,植株健康,长势良好,无病虫害,叶片完整。

（2）**栽培前基质的选择与处理** 目前常采用的是花泥或泥炭与珍珠岩的混合物,无论采用哪种基质都要求透水排水性好,不含有害物质,保水保肥性好,不易分解并且能固定植株。使用前注意调节 pH 及 EC。

基质使用前一定要进行消毒,这个环节直接影响红掌盆花的品质。常用的消毒方法有高温蒸汽消毒法和甲醛熏蒸消毒法 2 种。

1）高温蒸汽消毒法 目前高温蒸汽消毒是基质消毒时使用较为普遍的一种方法。经济实惠、安全可靠。一般采用可耐高温的薄膜密封已按一定配比调整好的基质,通过管道把热蒸汽输送到基质中,当基质表面温度达到最高且比较稳定时,持续 40 ~ 60 分即可。

2）甲醛熏蒸消毒法 一般采用40% 甲醛稀释成50 倍液,将稀释好的溶液均匀地喷洒在基质上并充分拌匀,基质拌至半湿状态后再用薄膜密封好,将密封好的基质堆置 2 ~ 3 天后,揭开薄膜摊开基质,每日翻动 1~2 次,直至没有甲醛气味才能使用。

（3）**栽培方式** 根据温室情况选择栽培方式,目前常用栽培方式有 3 种:床栽、槽栽和盆栽。无论采用哪种栽培方式都要注意调节植株间的距离,以叶之间互相不接触覆盖为标准。

采用床栽方式时应注意,种苗到达后应尽快将其从包装箱中取出,放置在栽培苗床上,不宜倒放或直接放在地面,以免感染病菌。在取苗的过程中应尽量保持原根团的完整。

采用盆栽时应注意,红掌苗上盆种植的 10 天内为恢复期。恢复期内应进行灌根及喷施杀菌剂,可用 50% 多菌灵可湿性粉剂 1 000 倍液进行叶面喷雾杀菌,用 77.2% 普力克水剂 600 倍液进行灌根。同时要根据植株的长势进行换盆处理。红掌小苗,株高在 5~10 厘米可使用 90 毫米×100 毫米规格的塑料花盆;红掌中苗,株高在 15 厘米以上的可根据品种株形使用 150 毫米×140 毫米或 180 毫米×170 毫米或 200 毫米×190 毫米规格的塑料花盆。移栽时一定要注意顶心要高于基质平面。及时浇足定根水。小苗定植 5~7 天可正常浇肥。为了便于装箱运输,一般采用较薄易塑的软塑料花盆(图 5-1)。

图 5-1　红掌盆栽苗

当盆栽红掌植株的直径大于花盆的直径、地栽红掌出现拥挤或荫蔽时,就必须给植株提供更大的空间。依品种、栽培周期以及对光照要求的不同,需要将植株分开 30%,以确保一段时间内叶片不能彼此接触。将植株分开过晚将会影响开花,并造成株型过于分散。但空间过大不利于小气候环境形成,并且影响植株的生长。

2.品种及种苗的选定

红掌原产于南美洲的热带雨林中,性喜温暖、潮湿和半阴的环境,但不耐阴,喜阳光而忌阳光直射,不耐寒,喜肥。因此,栽植前根据不同地区应适当选择适合该地区的耐寒、耐热性强的品种,栽植期间适当遮阴,东北地区秋冬季栽植应特别注意设施内增温。购买红掌种苗应选择信誉良好的园艺中心,而不要选择非专业商店。购买种苗除应选择国内外流行、有广大的顾客群体、健康无病虫感染、根系健壮和不变异的品种外,更重要的是应选择品种习性与当地所能提供的种植条件相符、可生长开花良好者,才能事半功倍。及时了解各品种的种植规模、栽培技术和市场发展趋势,掌握新品种推荐信息,是发展红掌种植产业的关键。

（1）**切花品种的选择**　由于目前我国市场销售的红掌切花以红色为主,故在品种选择阶段应选择花枝较长、产量高、苞片鲜艳夺目、保质期长的切花品种。常见的切花品种有丘比特、热情、典雅、翡翠、碧玉、吉祥、红粉佳人、鸿运当头、罗莎、紫公主等。其中以红色品种销量最大,红色品种中以丘比特最为畅销,历时十多年经久不衰。

（2）**盆花品种的选择**　红掌不但具有美丽的外观,还能吸收空气中对人体有害的苯、三氯乙烯,起到净化空气的作用。因此,盆花品种也是一种重要的应用形式,其销量仅次于切花品种。常见的盆花品种分为观花和观叶两类。观花栽培品种主要有亚利桑那、亚特兰大、瓦伦蒂娜、粉冠军、加利、甜心佳人、紫衣、多斯卡、冠军、蒙旦娜等。前 8 个品种的花色为红色,目前国内市场比较畅销。观叶盆栽品种以水晶花烛、丛林王子、绿箭为多见。

3.栽培方式

（1）盆栽

1）基质选择　红掌栽培时间较长,盆栽红掌的栽培周期也比较长,一般为 1～2 年换一次盆,而切花红掌栽培时间一般为 5～6 年,因此生产者应选用稳定性良好的基质进行栽培。

基质最重要的特性是必须为根系的生长提供良好的空间和氧气。另外红掌不能自身将氧气由叶片运输至根部,因此栽培红掌所用的基质必须具有良好的通气性,而且能够为根系提供足够的养分。无论哪种情况,所选择的基质一定要满足以下几点条件:一时透气性、排水性良好,吸水吸肥能力良好;二是腐烂或降解的速度不能太快;三是不能太碎,不能含有任何有毒物质;四是能够给植物足够的支撑作用;五是基质中水分和气体间的平衡为首要条件,其比例最好为 1:1。

红掌的栽培基质通常要求以泥炭土为主,加少量珍珠岩、粗河沙、稻壳、火山土、核桃壳、树皮、碎石等,并用少量插花泥铺垫盆底,亦可在园艺店购买配制好的培养土再加陶粒或干树皮混合（2:1）用作基质。配置好的基质一定要进行消毒处理,生产上常用 40%的甲醛（又称福尔马林）用水稀释成 2%～5%溶液将基质喷湿,混合均匀后用塑料薄膜覆盖 24 小时以上,使用前揭去薄膜让基质风干 2 周左右,以消除残留药物危害。北方地区可用腐叶土、草炭土和少量珍珠岩等混匀配制,另加少量骨粉作为基质。

2）花盆的选择

☞素烧盆:又称瓦盆,最朴素的花盆,以黏土烧制,有红盆及灰盆之分。素烧盆的盆壁有细微的孔隙,有利于土壤中的养分分解和排湿透气,有利于花草根部正常生长。不足之处是质地粗糙,不够美观,使用时间长了较易破碎。虽然外形不够美观,但是许多专业人士仍喜欢选择这种盆来种花,原因是性价比高。

☞陶盆:外观美观,但通气性较差,不适宜花卉栽培,一般多做套盆或做短期观赏。外形有圆形、方形、菱形、六角形等。陶盆有 2 种：一种素陶盆，用陶泥烧制成；另一种釉陶盆，即在素陶盆外加一层彩釉。栽培效果见图 5-2。

图 5-2　陶盆栽的红掌苗

👉紫砂盆：以江苏宜兴产品为最好，形式多样，造型美观。排水和通气性虽不及素烧盆，但也是比较理想的盆器。而且紫砂盆制作工艺历史悠久，很多精致古朴的上乘作品会为花卉增添很多韵味，紫砂盆也常用来种植名贵花卉及树桩盆景等，盆花相衬，自成一景。

👉塑料盆：质轻而坚固耐用，可制成各种形状，色彩多样，是国外大规模生产花卉常用容器，国内应用较多，水分、空气流通不畅为其缺点，应注意培养土的物理性状，使之疏松通气，以克服此缺点。可以用来栽培吊兰、垂盆草等对养护要求不很高的植物，栽培效果见图 5-3。

图 5-3　塑料盆栽的红掌苗

木盆:现在市场上有很多木制的花盆、花器,木盆透气、排水性能较好,很适合栽种花草。宜选用坚硬而不易腐烂的材质,如红松、杉木等。这些木盆用材大多以喷油漆的方式进行防腐处理,内涂环烷酸铜,盆底有排水孔,利于排水。但使用年月略长后,也要注意换盆时,将盆做一次彻底的消毒、上漆,以免腐烂、生虫。

花盆也可选择通风良好的瓦盆作为容器,外形美观大方、透光率低。将手放在盆内,对着阳光,若能看清手指则为不合格的盆,反之为合格的盆。外面红色、里面黑色的双色花盆透光率极低,是盆栽红掌的理想花盆。

3)上盆　在上盆种植时,可根据植株大小选择 100 毫米×120 毫米或 150 毫米×150 毫米的盆进行种植;另外要对花盆进行一次彻底的消毒处理。上盆时一定使植株心部的生长点露出基质的水平面,同时应尽量避免植株叶面沾染基质。上盆时先在盆下部填充 6~8 厘米基质,将植株正放于盆中央,使根系充分展开,最后填充基质至盆面 2~3 厘米即可,但应露出植株中心的生长点及基部的小叶,然后浇透水。红掌上盆初期要防止过强光照,可用 75% 遮阳网遮光,3 日后根据长势减少遮光面积。种植后必须及时喷施菌剂,以防疫霉病和腐霉病等病害的发生。红掌属于对盐分较敏感的花卉品种,因此,基质 pH 应尽量控制在 5.5~6.5。如果 pH 过高,则花茎变短,会降低红掌观赏价值。

4）换盆   当植株生长2~3年至一定大小、生长受到限制时,应考虑换盆（图5-4）,先在盆下部1/3深度填充颗粒状的碎砖块等物,作为排水层,若排水不畅易造成烂根。一般在早春进行换盆,同时结合分株（图5-5）。换盆时剪去枯朽根和部分老根,促使新根萌发,同时填入新的培养基质,以改善盆土的理化性质和补充营养物质,以保持株型优美,开花繁茂。换盆后浇透水放阴凉处缓苗。每天向叶片上喷1~2次少量水,并向周围地面洒水,以提高空气相对湿度,促进早发新根,但此时切忌盆土过湿,否则极易烂根。

图5-4   需要换盆的红掌苗

图5-5   给红掌苗换盆

（2）切花栽培

1）商业化切花栽培　红掌鲜切花投资较大，1公顷红掌切花按12万～14万株来计算，目前需要140万～290万元。温室切花寿命一般为6～7年（图5-6），一旦所选择的品种市场和生产上不理想，将会导致巨大的损失，所以品种选择一定要谨慎。

图5-6　温室内盆栽红掌苗

目前，红掌市场切花栽培品种很多，种苗大多数来自荷兰。红掌切花种苗有大、中、小之分。大苗指植株高30～40厘米的植株，中苗指植株高20～30厘米的植株，小苗指植株高10～20厘米的植株。除栽培设施具有良好的条件和丰富的操作经验外，一般选用中苗或大苗。其中大苗成本高，开花早。通常温室切花栽培所用基质均为花泥，同时加入石灰调节花泥的pH，每立方米加入1.5千克。

2）定植时期及密度　切花栽培时，要深翻培养基质20～30厘米，施以腐熟基肥，保持土壤适度湿润。为了能周年供花，可分批种植，但要避免极寒或极热的天气栽植，一般在1年后开花。1～5月定植，定植苗以6～7片叶、株高30厘米为宜。在华北地区（以北京为例）每年3～4月和9～10月是最佳的种植时期。此时温度、光照最适宜种植幼苗。栽植的密度随品种和气候条件不同而不同，株行距依据栽培床的情况合理设定，一般株行距40厘米×50厘米，呈三角形栽植，每公顷用苗30 000株左右。定植深度以种苗颈部与栽培基质的表面持平为准，不可将心叶埋在花泥下。单株栽培7～8年后，生长势下降，需及时更新。

3）瓶插保鲜液　红掌种植成本高，市场前景好，作为名贵切花之一，在长途运输和货架期、瓶插期如何进行保鲜成为采后生理的重要研究课题。目前,国内外普遍采用的保鲜方法是在采后的切花花茎底部套一保鲜瓶进行保鲜,以达到延长红掌佛焰苞片保鲜期的目的。保鲜液配方:4%蔗糖+0.08%氯化钠+0.01%过磷酸钙+0.01%中药杀菌剂(黄连的乙醇提取液)+0.1毫摩/升氢氧化钠+0.1毫摩/升柠檬酸+10毫克/升6-苄氨基嘌呤。

(3)**栽培槽栽培**　槽式栽培使用的是聚苯乙烯槽,有2种类型的槽:"V"形和"W"形2种。栽培槽两边用砖砌成20厘米高的砖槽,槽的底部沟内铺塑料薄膜,使苗床完全与地面土壤隔离,防止土传病害的侵染。槽内有两个狭槽,一个放置加热管,一个放置排水管,排除多余水分。栽培槽安装时要有一定坡度,苗床底面由两侧向中部以5%的坡度倾斜,苗床纵向坡度为0.3%。槽宽为120厘米,深度30厘米,槽内种植株距30厘米,使叶片向中间生长,完全利用空间,让叶片最大限度地伸展。种植密度为14株/米^2。槽栽使用基质少,操作方便,保温性能好,但投资比较大。

(4)**水培**　随着城市环境的恶化和生活水平的提高,人们对包括花卉在内的观赏植物的要求也越来越高,不仅要求净化空气,还要求容易养护、环保卫生等。水培这种栽培方式应运而生,逐渐走入大多数家庭,不仅能欣赏到花、叶,还能欣赏到根。传统的红掌栽培,多数采用土壤作为基质,在养护过程中有诸多不便,如浇水不及时而干枯,浇水时不小心溢出基质,病虫害难以防治等。用水培方式栽培红掌,既美观又干净,且非常适合家庭观赏,见图5-7。

图5-7　水培红掌苗

1）水培容器的选择　水培大多数采用玻璃容器，容器形状根据个人喜好，其大小要与植株相适合，并能使植株根系充分伸展，此外还需要定植杯或定植篮，使植株直立，还可以添加鹅卵石或砾石对植株进行固定，能起到美观的作用。

2）上盆　用于水培的植株一定要生长健壮、根系发育良好、根量多、根色白、植株高度适中、叶片完整、植株健康及长势好的红掌品种。将土培或基质栽培的红掌充分淋水，以便脱盆去泥（基质）洗根时不伤根系，然后用手轻敲花盆的四周，待松动后可整株植物从盆中脱出，先用手轻轻把大部分泥土或基质去除，再将黏在根上的泥土或基质用水充分淋洗干净，直到白根露出，操作过程中尽量不要损伤根系。检查根系，将烂根或受伤根剪除，将根浸入 0.1% 高锰酸钾溶液中 10～15 分进行消毒处理，再用清水反复冲洗干净后备用。之后将清洗后的红掌植于备好的器皿内，使根系在水培容器中能充分舒展，注入没过根系 1/2～2/3 的自来水，不能将根部全部埋于水中，造成缺氧烂根。

3）换水　红掌水培过程中植物不断消耗氧气；花卉在生长的过程中根系会产生黏液，黏液多时会影响水质；花卉水培时要在水中添加一定数量的营养液，营养元素除了一部分被花卉吸收外，其余的会残留在水中，当残留物质达到一定数量时，很容易再次被植物吸入体内，如此反复吸收、排泄、再吸收、再排泄的恶性循环，十分不利于植株正常生长。因此，必须定期对水培的花卉换水。

刚刚上盆的水培植株，第一周每天换水 1 次，摘除烂根，洗净根系。健壮植株的换水间隔可长些，长势弱或烂根的换水要勤，给红掌换水时要先用水轻轻冲洗植株枝叶，再冲洗定植杯内的石块，然后再清洗根部，把根系内个别烂根和植株上落下的烂叶除去，植株全部冲洗完毕，倒掉水培盆里的营养液，将容器内外洗净，按量装上新营养液，放上定植杯和植株，即可完成日常换液工作。

换水的间隔天数应视季节的不同而异。春、秋季可以 7～10 天换 1 次水；冬季一般 10～15 天换 1 次水；夏季高温季节时，必须加强换水，一般 3～5 天就换 1 次水。每次换水时可添加在市面上购买的花卉专业营养肥，在家庭施肥中切记施肥浓度宜稀不宜浓，少量多次地放入水中。当花卉在水中长出新根，说明该花卉的水培获得成功。

4）常见问题及解决方法

☞烂根。红掌水培常出现烂根的现象，尤其是炎热的夏季。需要通过勤换水来解决，将腐烂的根系全部去除，修剪过的根系浸入 0.5% 高锰酸钾溶液浸泡 10～20 分进行灭菌，取出后在流水下冲洗。若出现烂根现象应暂停营养液的使用，保持水质清澈，养护 10～15 天会有新根萌发，待气温稳定在 20～25℃ 时，再加入营养液。

☞滋生藻类。用营养液进行水培易滋生藻类，尤其是夏季高温期，或是营养液更换间隔时间较长，都会引发藻类大量滋生。藻类与植物争夺水中氧气，并产生分泌物污染水质，导致营养液品质下降。有些藻类附着在根系上，阻碍根系呼吸，干扰花卉正常生理活动。解决的方法是勤换水，一旦发现藻类滋生，要更换水及营养液，并彻底清洗根系及所用器皿。

4. 基质的选择

（1）**无土栽培基质的种类**　无土栽培基质是能为植物提供稳定协调的水、气、肥结构的生长介质。根据基质的形态、成分、形状，目前国内外使用的基质可以分为无机基质、有机基质和混合基质。

无机基质：一般很少含有营养，结构稳定，在使用过程中性质不发生改变，同时也不跟别的物质发生反应和变化。但是保水保肥力较差，缓冲能力不如有机基质好，使用过后可能成为垃圾，污染环境。包括陶粒、炉渣、浮石、岩棉、蛭石、珍珠岩、花泥、炭类（木炭、椰壳炭）、石棉等。其中花泥使用最为广泛。

有机基质：所谓有机基质是指基质本身在栽培过程中其性质发生变化，同时也与其他物质发生反应和变化。使用过程中容易分解腐烂，需要在栽培床上不断补充新的基质。如泥炭、树皮、锯木屑、秸秆、稻壳、蔗渣、苔藓、椰壳、堆肥、沼渣、岩糠灰、油棕种子等有机体。其中炭块和椰子壳是较好的有机基质。

混合基质：无机—无机混合、有机—有机混合、有机—无机混合。

下面列出10种在国内可供选择的盆栽红掌的主要栽培基质：

1）花泥　近年来，随着花卉市场的不断发展，原本在国外应用较广的花泥现在国内也有较广的使用范围，对于花泥，使用最广泛的国家当属花卉生产大国——荷兰。生产者购买花泥时应注意，所选购的花泥外观质地应是较粗糙的，花泥颗粒不能太小，以免影响基质的透气性。花泥在使用之前需要充分通风，使甲醛等有害物质挥发。或用水和营养液将花泥打湿，放置1周左右，使有害物质成分挥发，再使用。在生产过程中还要视具体情况对种植床内的花泥进行补充，为防止补充后的花泥干湿不均，可在补充花泥的同时加入少量泥炭。补充后要保证灌溉系统供水，避免出现供水不均现象。

2）椰糠　椰糠即椰子壳纤维经加工后可替代泥炭用作栽培基质。栽培红掌时，选用椰糠并不多见，但有时也会使用，可选用颗粒规格较大一些的椰糠。但椰子壳的高盐分、高 pH，尤其海边的椰子壳含有较多的钠离子（Na^+）、氯离子（Cl^-）和钙离子（Ca^{2+}），它们会逐步从基质中游离出来，从而使基质的含盐量增高。因此，在使用之前要充分淋洗，使用过程中也需要定期淋洗，以降低盐分。

3）泥炭　泥炭是由于地表过度潮湿和通气不良，大量死亡的植物堆积后经过不同程度的分解、腐烂形成的沉积物。泥炭质地疏松，比重小，吸水性强，富含有机质和腐殖酸，呈酸性。在选择泥炭的时候，一定要注意其 pH、EC 以及粗细度。天然泥炭的 pH 非常低，但泥炭厂家在出货前会根据客户的需求进行调整。一般要求 pH 在 5~6，5.5 最佳，EC 不要超过 0.5 毫西/厘米。12 厘米盆径以上的红掌，最好选用粗一些的泥炭，如粗细度为 10~30 毫米或是 20~40 毫米的泥炭就非常适用。由于泥炭是一种天然有机产品，可分解,在使用过程中泥炭颗粒会分解减少。由于红掌盆栽时间长,因此每隔一段时间需向盆中添加基质,添加量视具体情况而定。

4)珍珠岩 珍珠岩是由小石砾加热高温膨胀形成的。颗粒质地非常轻,而且结构稳定,透气性非常好,吸水性强,但其保水性比泥炭差很多,珍珠岩 pH 稳定,珍珠岩不易破碎,耐挤压,不容易分解,但其本身并无养分,通常是将其与各类型的泥炭混用,以提高基质的透气性。一般盆栽红掌的基质中,珍珠岩的比例不超过20%。切花栽培最好选用5 ~ 10 毫米粒径的颗粒,使用前用清水将珍珠岩内的灰尘或是没有膨胀的小石砾清除。

5)多酚泡沫 多酚泡沫的主要成分是原油,因为其结构含有很多空隙,故保水性能强,在使用前,必须先通风晾干,将其中的有毒气体排出,由于其弹性差,因此要避免挤压以防其结构被破坏。多酚泡沫的缓冲能力也较差,因此,需要有良好的灌溉和施肥系统。它的 pH 很低,使用前要用石灰浆冲洗,达到红掌要求的标准。

6)熔岩 熔岩是指喷出地表的岩浆,也用来表示熔岩冷却后形成的多孔岩石,是一种稳定性良好的基质。用作栽培基质前要经过打碎、过筛、清洗。熔岩孔隙总量决定了熔岩的质量,也决定了基质的相对湿度,不同类型的熔岩之间存在着较大的差异。总之,孔隙越多,质量越好。用作栽培基质的熔岩直径在 1 ~ 5 厘米。由于熔岩颗粒之间孔隙度较大,所以含氧量相对于其他基质较高,同时其相对湿度均较低。此外,熔岩对肥料没有缓冲能力,使用时必须配有施肥、灌溉系统。

7)锯末 由于这类材料容易获得,目前很多露天种植的生产者都选用这类材料作为基质。但是由于树种不一样,锯末里含有的成分差别也很大,在使用之前,一定要发酵成熟,否则在栽培过程中,锯末的发酵不但会消耗肥料中大量的氮肥,而且发酵产生的热量及一些物质会伤到根系。在栽培过程中,建议生产者经常采用人工疏土方式,保证其透气性。

8)碎砖瓦 碎砖瓦是一种极易获得的材料,利用废旧砖块锤成小粒,经高温消毒而成。碎砖瓦粒具有保水良好和透气性高的优点,但易于滋生病菌或成为蚂蚁的居所是其不足。实际操作中常与木炭、树皮混合使用。

9)水苔 水苔是一种具有强力吸水和保水能力的材料。从外表可以划分为白水苔和绿水苔两类,其中白水苔多用于红掌栽培。白水苔是泥炭藓的晒干植物体,具有柔软、易处理以及保水、肥力高的优点。缺点是容易腐烂,一般使用 1 年左右就需要更换,否则腐烂时渗出的酸水会导致烂根。

10)树皮 用于栽培红掌的树皮以皮厚疏松为佳,种类不限,但用前要将树皮脱脂,以免日后滋生病菌导致根部腐烂。用时可切成粒状填于根部空隙处即可。树皮具有不易腐烂以及可分解成腐殖质供植物吸收的优点,但是易于滋生蚂蚁是其不足。

(2)**组织培养基质** 随着离体快繁技术的成熟,组培苗在生产中大规模应用。由于此项技术繁殖系数高,培养周期短,而被生产者广泛使用。在利用组培技术工厂化生产过程中,生产者要注意简化培养程序,减少移苗次数,降低生产成本,形成产业化配套体系。增加投入,引进先进设备和技术,形成先进的专业化生产线。

目前,组织培养是我国红掌大规模生产的主要方法。红掌快繁再生的外植体材料很多,但大多数采用顶芽、幼嫩茎段、叶片、叶柄等作为外植体培养,均可获得再生植株。通常认为幼嫩茎段发芽率高于叶柄,叶片次之。最近还有报道,用气生根、花序作为外植体,也可获得再生植株。

1)基本培养基　目前,大多数生产者采用改良 MS 培养基和 1/2MS 培养基来诱导愈伤,其中 1/2MS 在愈伤组织的诱导率最高,其次为 MS、B5。B5、MS、1/2MS、N6 等培养基均可用作红掌愈伤组织继代、增殖、分化培养,不同品种的最适培养基不同,这可能是由于品种间的差异导致的。K^+离子和SO_4^{2-}离子浓度高的培养基更有利于红掌愈伤组织的分化。尽管不同碳源对红掌愈伤组织的诱导效果也有影响,但考虑到生产成本,一般生产中使用蔗糖作为碳源。

2)外源激素的添加　在组织培养过程中,外源激素虽用量很少,但对离体培养过程中愈伤组织的诱导和器官分化都起着重要的作用,最常用的就是生长素和细胞分裂素。红掌愈伤组织诱导过程中施加的细胞分裂素一般选用 BA(1 ~ 5 毫克/升),生长素一般选用 2,4-D(0.1 ~ 0.8 毫克/升)。2,4-D 是愈伤组织诱导的主要因素,相比之下 NAA、IAA 难以诱导叶片产生愈伤组织,单独使用细胞分裂素 BA 也难以使叶片产生愈伤组织,需生长素和细胞分裂素同时使用,其中以 2,4-D 和 BA 配合效果最好,最佳配比为 BA 0.5 毫克/升+2,4-D 0.8 毫克/升。在脱分化过程中,使用 6-BA 和 NAA 配比为 10 的培养基效果最好。对于愈伤组织的分化,BT 和 ZT 的效果较好,KT 较差。用 BA 2.5 毫克/升或 ZT 2.5 毫克/升与 2,4-D 0.1 毫克/升配合都能很好地诱导愈伤组织分化不定芽。

(3)**水培营养液**　红掌水培过程中要加入营养液促进其生长。小苗进行水培初期,可不添加营养液,直接用清水即可促进其生根、发叶,1 周左右即可恢复生长。仅用清水进行培养,虽烂根少,发根快,但是叶片失绿,老叶枯萎;单纯用营养液培养,易引发根系腐烂,但是叶片浓绿,长势良好。因此,使用营养液时要注意浓度;综合叶片及根系生长的状况,在水培时常在清水中加入碎花泥覆盖根系,并添加浓度适宜的营养液,能减轻根系腐烂,并有效地改善叶片的营养,保持株形。

1)营养液配方　当红掌适应了水培环境后,可移至营养液中进行培养。水培花卉营养液一般都含有红掌生长所必需的全部营养元素,各种元素配比均衡、无机盐呈离子状态,满足红掌各生长发育阶段对养分的需要,且无毒无害、酸碱度适当,有利于营养吸收。营养液可在市场上购买成品,也可自己配制。常用的培养基配方有 2 种:

配方 1　霍格兰液营养液配方。

配方 2　大量元素:四水硝酸钙[$Ca(NO_3)_2 \cdot 4H_2O$]496 毫克/升、硝酸铵(NH_4NO_3)40 毫克/升、硝酸钾(KNO_3)202 毫克/升、磷酸二氢钾(KH_2PO_4)136 毫克/升、七水硫酸镁

（$MgSO_4 \cdot 7H_2O$）246 毫克/升、二水硫酸钙（$CaSO_4 \cdot 2H_2O$）86 毫克/升；微量元素：乙二胺四乙酸二钠铁 31.19 毫克/升、硼酸 2.86 毫克/升、硫酸锰 2.13 毫克/升、硫酸锌 0.22 毫克/升、硫酸铜 0.08 毫克/升、钼酸铵 0.02 毫克/升。每次用量可根据植株大小酌定。

2）浓缩营养液　在实际生产应用中，营养液通常配制成浓缩液，在配制过程中进一步产生难溶性沉淀物为总的指导原则来进行。

配制浓缩液时，浓缩倍数不能太高，否则化合物容易饱和析出，并且浓缩倍数太高会溶解较慢，操作不便。通常大量元素采用 10 倍液进行配制，微量元素采用 1 000 倍液配制。在操作时，为避免产生沉淀，故不能将所有化合物溶解在一起，应该分类进行配制。A 液包括：$Ca(NO_3)_2 \cdot 4H_2O$、KNO_3、NH_4NO_3、$CaSO_4 \cdot 2H_2O$，B 液包括：KH_2PO_4、$MgSO_4 \cdot 7H_2O$，分别溶解和储备。铁盐单独配成 C 液，其他微量元素配制成 D 液，分别储备。浓缩营养液要用蒸馏水或饮用纯净水进行配制，最好放入 2～4℃冰箱中避光储存。

利用浓缩营养液稀释为工作营养液时，应在盛装工作营养液的容器中放入大约需要配制体积的 60%～70% 的清水，量取 A 液的用量倒入，搅拌使其均匀，然后再量取 B 液所需用量，用较大量的清水将浓缩 B 液稀释后，缓慢地将其倒入容器，搅拌均匀，最后分别量取 C 液和 D 液，按照浓缩 B 液的加入方法加入容器，搅拌均匀即完成工作液的配制。配制好工作液后，再用 1 摩尔/升 HCl 或 1.0 摩尔/升 NaOH 调节 pH 至 5.5～6，然后将其倒入水培容器，即可使用。

3）增加营养液的含氧量　除了常规的换水来增加营养液含氧量以外，还有以下几种方法增加溶氧量：

a. 振动增氧。一手固定花卉植株，另一只手握住器皿轻轻摇动十余次。摇动后的营养液溶解氧含量能够提高 30% 左右。

b. 在营养液中添加 1% 的过氧化氢。

c. 采用微型潜水泵或增氧泵对营养液进行加氧。

d. 采用水族箱中经常使用的微型潜水泵或增氧泵增加水中的氧气含量。

e. 不要把水灌得太满，一般要让 1/3～1/2 部分根系露出水面，吸收一部分空气中的氧气，可以满足植物生长对氧气的需求量。

4）注意事项　配制营养液时要注意，不能用金属容器，更不能用金属容器进行存放，最好用不易腐蚀的玻璃、陶瓷等器皿。配制营养液时，如果用自来水，需先将自来水里的氯化物和硫化物去除，以免影响植物对营养液的吸收和利用。若要用自来水，则在使用前放置 3～4 天，也可以用无污染的河水或湖水。营养液配制好后，需要调节 pH，因为溶液的 pH 直接影响养分的存在状态。

5. 环境调控

红掌原产于热带，因此需要较高的温度、湿度和庇荫的环境。其叶片较厚革质，强光下相对于其他植物蒸发量较少,植株温度不会明显下降,因而会导致叶片和花的褪色和灼伤。大多数温室栽培时并不能达到其原产地的气候,因此搞好设施内小气候对商业化生产是非常重要的环节。在各个因素中温度和光照对植株生长的影响最大。

(1)**温度调控** 红掌对温度十分敏感,温度过高、过低都会对其生长产生不利影响。红掌最适生长温度为20～28℃,对其开花极为有利,几乎全年都处于生长状态,生长健壮,长势良好。所能忍耐的最低温度和最高温度分别为15℃和35℃,低于15℃通常会发生冻害,红掌苗生长缓慢,老叶片变黄脱落,成活率降低,长时间难以恢复生长,影响其产量;高于35℃则发育迟缓,还可能出现叶面的灼伤及生长停滞的现象,影响红掌整体的品质。

通常,阴天温度应控制在18～20℃,晴天温度应控制在20～28℃。夏季温度高时,通过开启湿帘、进风口和出风口,并尽可能关闭遮阳网,来降低室内温度。降温设备如图5-8、图5-9等。同时结合每天中午前加喷1次叶面水,来降低叶表面温度。冬季,白天温室要加热,使温度维持在18～20℃,给植株创造一个较理想的气候条件。种植初期,温度要求比平时略高3℃,防止冻害的发生。

图5-8 水帘-风扇降温系统的水帘

图5-9 水帘-风扇降温系统的风扇

（2）空气湿度调控

1）空气湿度　红掌适宜相对湿度为 75% ~ 80% ,不宜低于 50% ,只有保持适宜湿度红掌才能正常生长。夏季每天需给植株周围的地面、床架和植株上喷水,以增加空气相对湿度,减少植株高温伤害。湿度过低,会引起硬叶、小花以及植株生长缓慢;湿度过高,植株将长得很脆弱,真菌容易侵入。当夜晚有雨或有雾时,温室必须保持通风,窗户的开启度依据不同的温室类型设定。

通常情况下,湿度是同温度一同控制植株生长的。如温度高于 35℃ 时,虽会对植株造成伤害,但相同温度下,若湿度适宜则会降低这种伤害。因为当遇到高温时,植株依靠蒸腾来降低温度,若空气相对湿度又相对较低时,植株体内水分大量流失,则容易产生干旱胁迫。而相同温度下,若湿度相对较高则对于植株的伤害会大大减小。因此,28℃ 和 75% 相对湿度比 25℃ 和 50% 空气相对湿度更加适合红掌生长。适宜的基质相对湿度为 80% 。为增加空气中的湿度可采用喷雾装置,喷发出的水珠颗粒极细微,下垂过程中逐渐挥发,在未达到植株表面(特别是花苞上)时已完全蒸发,不会使鲜艳的花苞受损。

2）基质湿度　在红掌移栽时,要求基质相对湿度保持在 30% ~ 60% ,因为过多的水分会导致根系缺氧,严重时还会引起根系腐烂,地上部分叶片发黄。水分太少,会导致植株萎蔫,叶尖灼伤,根系受损,严重会整株枯死。红掌对空气湿度的要求相对较高,尤其是刚移栽的幼苗。

（3）光照调控　红掌栽培过程中,必须避免强光直射,但不同品种对光照强度敏感性不同。研究表明,通过增加温室中的光照强度可大大提高花的质量,尤其侧芽长得更好,并能长出更多优质的花。有盆花生产者利用高于 25 000 勒的强光促使侧芽的产生,再将植物移入低光照强度的环境下改善花和叶的品质,以生产高品质的盆花。

通常大部分的红掌在光照强度 15 000 ~ 25 000 勒的环境下生长良好,最高不能长时间超过 30 000 勒。光照强度在 20 000 ~ 25 000 勒时,平均最大叶面积增加显著,生长健壮,叶大,叶厚具有光泽,红掌生长和叶色均处于较理想状态;若光照强度过低,低于 20 000 勒,在光合作用的影响下植株所产生的同化物也很少,表现植株及花朵弱小,叶薄无光泽,花茎变软下垂,但若此时光照骤然增加,可能超过植物忍耐的水平,而产生灼伤,在弱光和高温条件下植株对能量消耗增大,会导致花芽早衰;而当光照过强时,达 25 000 ~ 30 000 勒,叶片的温度会剧烈升高,尤其阳光直射的叶片,温度可能高于气温的 10℃ 以上,有可能造成叶片出现变色、灼伤、焦枯、佛焰苞片褪色和叶片生长变慢等现象。因此,光照管理的成功与否,直接影响红掌产生同化物的多少和后期的产品质量的好坏。栽培中为防止佛焰苞片变色或灼伤,必须有遮阴保护(图 5-10)。

图 5-10　红掌苗栽培的遮阴保护

温室内红掌光照的获得可通过活动遮阳网来调控。晴天时应遮掉 75% 的光照,早晨、傍晚或阴雨天则不用遮光。然而,红掌在不同生长阶段对光照要求各有差异。种植初期,光照强度要求较弱。生产上一般采用双层遮阳网遮光,外层用一层固定的 50% 的遮阳网,内层用一层可活动的 75% 的遮阳网,以便调控光照强度。营养生长阶段(平时摘去花蕾)时光照要求较高,可适当增加光照,促使其生长;开花期间对光照要求低,可用活动遮阳网调至 10 000 ~ 15 000 勒,以防佛焰苞片变色,影响观赏(图 5-11)。

图 5-11　温室可通过活动遮光网来调控光照

夏季或中午光照强烈时,要打开可活动遮阳网,通过可活动遮阳网来调节光照,也可以在温室顶部涂刷遮阳涂料,从而降低室内的光照强度,并防止温室内的温度过高。白天光照强时,为避免佛焰苞片失色和植株灼伤,必须遮挡 75% 的光线。但要根据实际情况随时调整,如早晨、傍晚和阴雨天需关闭活动遮阳网尽可能增加光照。冬季红掌温室大棚栽植过程中,光照是限制植物生长的重要因素。此时应尽可能地提高温室设施的采光性能,定期清洗棚顶,降低遮阳网遮光度,甚至取消遮阳网等。调节温室光照强度的调节依据是不要超过30 000 勒,最理想的光照强度是20 000 勒。温室内其他环境条件比较容易控制,唯有光照条件为不确定因子,因此对于光照的调节要格外重视。

(4)**水分调控**　水是植物的重要组成部分,约占草本植物鲜重的90%。水又是植物各项生理活动不可或缺的因子,如果没有水,植物的各项生理活动就要停止,植物就会死亡。植物根部吸收基质中水分,有输导组织运送至各个器官,供其生理活动所需。红掌属于附生性植物,具有肉质化的气生根,不仅从基质中吸收水分,还可以通过气生根从空气中吸收水分。若基质中水分含量较高,同时基质透气性差,则会阻碍红掌根部的呼吸作用,容易产生烂根等现象。基质中水分的含量及空气湿度共同决定植物体水分的含量,从而影响整株植物的生理代谢、叶片及花的形态。对于红掌而言,维持较低的基质湿度、较高的空气湿度更加有利于植株的正常生长。

红掌属于对盐分较敏感的花卉品种,水的pH控制在5.2～6.1,每升水的钠离子和氯离子含量应低于1.7毫摩尔,EC在0.5以下,灌溉前要对pH及EC进行测定。如果pH过小,花茎变短,就会降低观赏价值。水的盐分越少越好,水质清澈的活水为好,如雨水、河水、湖水等,避免使用死水或矿物质含量高的硬水,如井水等。目前比较流行的方法是收集雨水进行浇灌,此法只适合在雨量充沛的地区使用,雨水不容易污染,灌溉既安全又经济,但是使用前也要对pH和EC进行测定。其他地区可使用自来水进行灌溉,若该地区的自来水中氟、氯等离子含量较高,则可使用存取水的方法,待水中氟、氯以及一些重金属离子充分挥发、沉淀后再使用。

盆栽红掌在不同生长发育阶段对水分要求不同。幼苗期由于植株根系弱小,在基质中分布较浅,不耐干旱,栽后应一次性浇透水,每天喷水2～3次,要经常保持基质湿润,促使其早发多抽新根,并注意盆面基质的干湿度;中、大苗期植株生长快,需水量较多,水分供应必须充足;开花期应适当减少浇水,增施磷、钾肥,以促开花。在浇水过程中一定要干湿交替进行,切莫在植株发生严重缺水的情况下浇水,这样会影响其正常生长发育。

不同季节对水分要求不同。夏季及干燥天气应9:00～10:00浇水1次,中午还要利用喷淋系统向叶面喷水,以增加室内的相对湿度,避免"隔夜水",减少病害侵染机会。尤其高温高湿病害流行季节,植株应尽量保持干燥。寒冷季节浇水应在9:00～16:00进行,以免冻伤根系。冬季和初春季低温及阴雨天应注意控水。

(5)**肥料调控**　植物吸收肥料的特性和吸收量与植物的原产地有关,品种之间也有较大的差异。红掌与其他植物一样需要吸收各种营养元素,才能维持其正常的生理机能,进行旺盛的生长,获得理想质量的切花,达到栽培的目的。

红掌的正常生长发育需要适中、连续的完全营养元素的供应。春、秋两季一般视盆内基质干湿程度可2～3天浇肥水1次;夏季可2天浇肥水1次;冬季一般5～7天浇肥水

1次,一般在9:00～16:00进行。每次施肥必须由专人操作,并严格把好液肥(母液)的稀释浓度和施用量。

施肥按红掌生长不同阶段施用不同的复合液肥,小苗适当增施氮肥,减少磷、钾肥;在迅速生长的季节,增加氮肥用量;开花和采种植株适当增加磷、钾肥。秋末及初冬增施磷、钾肥,少施氮肥,以利于植株抗寒;冬季控肥控水,保证安全越冬。晴天多施肥,阴雨天少施肥;栽培基质的温度低于15℃时不宜施肥。在红掌组织中对镁的需求量较高,尤其在较高温度的情况下,要保证镁的连续供应。同时在栽培过程中要避免使用含氮量高的肥料,通常不超过250毫克/升,对于成株400毫克/升也是可以接受的。

有研究表明,栽培后的红掌追施由硝酸钾、磷酸二氢钾、硫酸钾、硫酸镁和硝酸钙、硝酸铵配制的营养液,效果良好,平均最大叶面积增加显著,植株生长健壮,叶厚,叶色墨绿有光泽;磷酸二氢钾与尿素配合使用,较单纯施用混合肥的生长健壮,抗病力有所增加,但叶子光泽度较差。可见,红掌栽培管理过程中的合理施肥是十分重要的,可使得植株健壮生长。

施肥原则以"薄肥勤施"为准,每天每平方米施肥液2～4升,每升肥料溶液所含的营养量应不少于1克。肥料往往结合浇水一起施用,一般选氮、磷、钾比例为1:1:1的复合肥,把复合肥溶于水后,用0.1%液肥浇施。此外,在液肥施用2小时后,用喷淋系统向植株叶面喷水,冲洗残留在叶片上的肥料,以保持叶面清洁。应定期对植株的营养状况进行抽样检查,以便及时改善其对肥液的吸收效果。由于叶片表面有一层蜡质,影响叶面对养分的吸收,因此,红掌的施肥从根部滴灌比叶面喷施效果好。一些生产者采用喷灌施肥系统的微喷技术,施肥均匀,不会淋湿植株叶面,大大减少了病菌滋生和病害发生。由于红掌根部吸收性好,大大提高了肥水利用率,降低喷灌频率,尤其适用大粒径栽培基质。

使用混合水箱(池)系统施肥时,要注意切勿将高浓度的氮、磷、钾肥和硫酸盐肥混合施用到含钙基质中,否则会形成石膏而导致肥料失效。手工施肥以后要按每平方米2升洁净水的标准进行淋洗,否则可能引起烧根或烧叶。此外,在雨季没有防雨设施的情况下,最好使用缓释肥料。另外,要定期检测基质营养,可以判断应该适时增加或减少的营养元素种类,防止出现缺素症。每4～8周取样检查一次比较合适。定期检测还能掌握基质的EC、pH和碳酸氢根的含量变化情况。

(6)**气体调节** 气体对红掌生长发育的影响分为有益气体和有害气体两大类。有益气体包括氧气、二氧化碳等,有害气体包括二氧化硫、氨气、氯气、一氧化碳等。花卉良好的生长发育要求经常有新鲜的空气。温室内各种气体的成分有很大变化,不经常通风换气会使有害气体增多,有用气体减少,影响植物的正常生长。新鲜的空气是植物进行呼气作用和光合作用的重要条件。植株所能承受的二氧化碳的最大浓度为800毫克/升,超过800毫克/升会对植株造成伤害。据国外报道,温室栽培条件下,白天当温室内温度为 21～31 ℃时,将室内空气的二氧化碳浓度提高到 1 000 毫升/米³ 是比较理想的。

6. 植株管理

(1) **剪叶与除花** 温室生产中老叶不仅遮挡其他叶片光照,影响光合效率,更会消耗大量养分,在营养有限的前提下会导致花蕾发育不全或早衰,出现茎干弯曲或花蕾受损,对产花量有一定的影响。因此,要及时取出老叶以促进植株的营养生长,使其尽快抽出新叶、新花。定期摘除不必要的叶片,还可以促进植株间空气流通,能有效抑制病虫害的发生与流行,最终获得高产、稳产的优质花。建议每月剪叶 1 次,必要时 2～3 周剪 1 次。剪叶时最好用酒精对所用刀具彻底消毒,并且一把刀仅可在一个栽培床上使用。

一般植株密度越大剪叶的次数就越多,叶片越大保留的叶片数越少,少留水平叶,多留垂直叶。实践证明,定期剪叶不会对叶片和花造成大的损伤。剪下的新叶通常品质较好,还可出售用作插花材料。

如果一次摘掉太多的叶片则植株地上部分与地下部分的比例会受到严重破坏,将导致根腐增多,从而大大降低根的活力。在收获时,切花与摘老叶同时进行是可行的,这样可以防止错摘叶片或失去叶片太多,植株带花、腋芽或正在发芽时不能摘叶,因为叶片可保证液流对花的供给,摘叶后会导致花失水枯萎,幼芽停止发育。在温度较高的晴天,不适宜摘去太多的叶片。

栽培过程中还要不定期摘除老花,剪除花蕾。老花失去观赏价值对营养的消耗量较大,应及时剪除,以促进植株的营养生长,使其尽快抽出新叶、新花。若同一根系上长出的花蕾过多,应适当剪除,以减少营养消耗。剪除对象为侧枝小叶基部生出的花蕾。

(2) **去除侧芽** 红掌生长到一定阶段时就会萌发侧芽,多发生于植株基部(图 5-12),这些侧芽有发育成为新植株的能力。故侧芽应去除,以免消耗植物体大量营养,导致植株茎干弯曲,并且花朵减小。侧芽的去除应尽早,否则长大以后再去除会损坏根茎。栽培上要求及时用手拔除侧芽,且不可用刀和剪子,因为刀和剪子去除不彻底,且去除后仍可继续生长,去除侧芽后当天应及时喷洒农药防止病害侵染。对于大多数红掌品种来说,每个植株上保留一个侧芽即可,当母株衰竭后,小植株可用来补充空缺。植株在生长缓慢期由于对病害比较敏感,不宜去除侧芽;在雨季或雨季来到之前也不宜除侧芽,因为病原菌容易从伤口处侵害植株。如果母体是健康植株,侧芽可生

图 5-12 红掌苗植株基部萌发侧芽

长为健康植株;如果母体带有某些病害,则病害常常会传染给侧芽,特别是线虫,大多通过这种方式传播。

(3)拉线 为了确保温室内的通道畅通,减少人在通道行走时衣物等摩擦损伤红掌的叶片和花,造成伤口,以防止病菌侵入传播,当植株长到一定高度后,可在栽培床通道上每隔 4 米固定一根柱子,固定拉线。拉线不得超过 2 条,否则妨碍采收,也不可拉得过紧,否则部分叶片将垂直于通道。同时根据植株的生长高度的变化,及时调整拉线高度,保证叶片合理分布,确保通道畅通。

(4)**植株的调整**

1)调整方向 定期调整植株的方向,一般半个月调整一次,将萌发出新芽、长势较弱的一面转到向阳面,以平衡植株长势,完善株形。

2)调整盆距 要想得到良好的株型,就要有合理的盆间距。通常保持的盆间距标准为叶面互相接触但不交错覆盖。植株矮小、分蘖过多的品种,盆间距适当要小些,以减少分枝,促使其向上生长;分蘖能力不强的品种,盆间距适当要留大一些,这样可以促进分蘖,使株型日趋丰满。及时将叶片、花茎理顺。尽量让花集中在植株的中心部位,同时将叶向四周拉展,使株型显得更丰满,更有层次感。

3)基质补充 及时给上盆较浅、根系外露的植株补充基质,使根系和基质充分接触,以便吸收营养和水分,增加植株自行复壮的能力,进而延长花朵寿命,提高花的产量。

4)老株的处理 红掌栽培 3 年后植株长高,根系逐渐老化,茎基部不断长出气生根,造成植株根系不稳固。要及时添加栽培基质,使上部的气生根能及时从基质中吸收营养,促进新根的形成,确保植株生长良好。添加基质时要视植株生长情况逐步添加。

一些植株生长衰弱即将倒伏时,对其长势重新调整来促进植株复壮。将所有的植株朝同一方向倒伏,要避免茎干歪曲,因为这会影响植株内液体的流动。长期没有调整的植株将自行倒伏,使栽培床上出现空缺,降低产量。植株重新调整后,可以补充栽培基质,从而延长植株的经济生命。

红掌种植过程中发现死株、病株、品种退化植株及畸形变异植株时,要清理拔除并补种。需及时彻底消毒,调整种植槽。用于补种的种苗提前种植在 20 厘米×15 厘米营养钵中,补种时直接连营养钵放入槽中,周围添加栽培基质,以植株气生根刚好全部埋入基质为宜。

(5)**除杂草** 除草最好的方法是手工拔除,这样不会影响红掌植株的正常生长。如果使用除草剂,虽然工作量减少,但是红掌植株的生长也会受到抑制。

(6)**检查喷头** 长期使用的喷头经常发生堵塞的现象,影响喷雾。如果堵塞的喷头数量较多,就应该拆下来彻底清洗。清洗喷头最简单的方法是加大管线的压力,喷头即可被高压水流冲洗干净。

(7)**清洗温室的玻璃或塑料薄膜** 冬季和雨季为保证温室内光照充足,需要清理玻璃或塑料薄膜上的藻类等杂物。清理时用水即可,使用化学药剂易使红掌植株受害。刷洗前,将温室外侧的玻璃或塑料薄膜完全淋湿,脏物即轻易地被清洗下来,雨天最适合做此工作。

(8)**起根** 当植株衰老或需要更换新品种时,需要将温室内大量植株进行更新,首要的工作就是起根,通常手工完成。起根之前一段时间应停止灌溉,使基质干燥,以便于操作。起根后应彻底清除残株碎叶,以防病虫害传播,因为线虫可以通过死根或用过的栽培基质传播到健康的栽培床中,为了防止病虫害的扩散,最好在即将起根的栽培床边缘主要通道上铺设塑料布,或采取其他有效的安全措施。

7. 红掌花期调控

(1)**温度调控** 温度可以影响植物的生长发育,温度调控也是最为常见的调控方法。此外,调节温度的高低,就可以调整开花的时间。

红掌营养生长的适宜温度为20~28℃。种植初期,温度要求比平时略高3℃。日平均温度在29.5℃以上,植株开始出现异常,导致开花质量下降,花期延后。虽然通过遮阴不会发生日灼病,但生长速度减缓。在高温季节,光照越强,室内气温越高。这时需通过开启通风设备来降低室内温度,以避免因高温而造成花芽败育或畸变,降低产量,延迟开花。冬季温室栽培,白天要加热,使温度维持在18~20℃,给植株创造一个较理想的气候条件。红掌生长受阻的低温在8~10℃,因此,低于10℃易造成寒害。在寒冷的冬季,当室内昼夜气温低于17℃时,要进行加温,保持红掌正常生长发育,促进开花;当气温低于15℃时需要用加温机进行加温保暖,防止冻害发生,使植株安全越冬,正常开花。

昼夜温差在3~8℃。温度在此范围内波动,有利于养分的吸收和积累,同时可促进花芽分化,提前开花。但一定要避免温度的骤然变化。在较低温度下进行栽培,生长量相对较低,生长期延长,开花延迟。营养生长阶段创造高温高湿条件,加快其抽花发冠。开花期高温会促使花芽早衰,花期缩短,因此要降温减少早衰花芽,从而延长花期。

(2)**湿度调控** 保持较高的空气相对湿度。红掌生长需较高的空气相对湿度,一般不应低于50%,否则会延迟开花。高温高湿会更有利于红掌生长。当气温低于20℃,保持室内的自然湿度即可;当气温高于28℃,可采用喷雾来增加叶面和室内空气相对湿度,以营造红掌高温高湿的生长环境,促进开花,但不宜过高,否则会造成一定的病害,影响开花质量。冬季注意叶面不可过湿,防止夜间植株过湿容易造成冻害,影响开花。

(3)**温度与相对湿度协同调控** 红掌生长需要比较高的温度和相当高的相对湿度,高温高湿有利于红掌生长,温度与相对湿度甚为相关。一般而言,阴天温度需18~20℃,相对湿度在70%~80%;晴天温度需20~28℃,相对湿度在80%左右。总之,温度应保持在30℃以下,相对湿度要在50%以上,才能促进开花。在高温季节,光照越强,室内气温越高,这时要增加温室空气相对湿度,但需保持夜间植株湿度较低,以减少病害发生;

在寒冷的冬季当气温低于14℃时,在夜间要用热风炉或暖气加温,保持温度在16～20℃。

(4)**光照调控** 有多种花卉对光周期敏感,在生产中以人工措施满足花卉对光周期的特殊要求,可促进或抑制其开花。红掌是按照"叶→花→叶→花"循环生长的。花序是在每片叶的叶腋中形成的,也就是说红掌花与叶的产量相同。影响产量的最重要的因素是光照。如果光照太少,容易引起花蕾败育,佛焰苞片发黑,在光合作用的影响下植株所产生的同化物也很少;降低产量,影响生长速度,延迟开花。当光照过强时,植株的部分叶片就会变暖,从而延迟开花,还有可能导致叶片及佛焰苞片褪色,造成叶片变色、灼伤或焦枯现象。因此,光照管理的成功与否,直接影响红掌产生同化物的多少和后期的产品质量。为防止花苞变色或灼伤,必须有遮阴保护。温室内红掌光照的获得可通过活动遮阳网来调控。

初秋光照时间较长且强度较大,稍有不慎会灼伤红掌,尤其是小苗的叶片,而且影响花色,光照控制基本与夏季相同,采用双层遮阳网进行遮阴,光照强度以12 000～17 000勒最有利于红掌的生长开花。

温室中最理想的光照强度在20 000勒左右,便适宜的光照强度很大程度上根据品种而定。温室中的光照强度不宜长时间超过25 000勒,光照过强会使植株生长缓慢,发育不良,导致某些品种褪色,开花延缓,同时引起24小时内平均温度升高,引起花芽早衰,盲花现象明显增加。一般当光照是唯一限制因子时,每增加1%的光照强度就可增加1%的产量。

研究显示,不同的遮光率之间红掌开花的表现差异较大,以30%的遮光率开花表现最好,50%的遮光率开花表现次之,表现最差的是70%的遮光率。随着遮光率的提高,新开的花数逐渐减少,花茎长度也逐渐降低,而且花也逐渐变小。遮光率30%显著好于50%,而遮光率50%又显著优于70%。在此需要注意的是,在遮光的同时要注意降温。

遮光有利于红掌的生长开花,并且以遮光两层为好。研究表明,遮光一层和遮光两层均显著提早了红掌的花期,遮光处理后的红掌花瓣显著增大,花色素含量和花茎长度也显著增加,遮光两层的花期长度显著长于遮光一层。同时遮光一层和遮光两层可以显著增加红掌的株高和叶面积,遮光两层的红掌株高和叶面积也高于遮光一层。因此,遮光处理能显著地提早红掌的花期,并且能够提高红掌的观赏品质(图5-13)。

图5-13 日光温室培养红掌遮光处理

（5）**激素调控**　激素有内源激素和外源激素之分,植株在不同的生长阶段,各种内源激素的含量明显不同。根据这些变化,人们用外源激素来刺激植物的生长发育,以达到调控花期的目的。

1）不同浓度激素处理对红掌花期的影响　研究表明,用赤霉素处理红掌,能显著地提早其花期,最长可以使红掌花期提早 1 个月左右,并且在 50～150 毫克/升浓度内用赤霉素对红掌进行苗期喷施能有效地提早红掌的花期,而高浓度赤霉素会延后红掌开花,对其观花品质产生不良影响。另外,50～300 毫克/升浓度混合激素(赤霉素和细胞分裂素)处理对红掌花期均有显著的促进作用,其中以 100 毫克/升浓度的效果最为明显,可以使红掌的花期提早 33 天左右,但以 150 毫克/升处理的花期持续时间最长;并且 50～150 毫克/升浓度混合激素处理对红掌的品质均有一定的提高作用,又以 100 毫克/升浓度最为理想;600 毫克/升浓度处理则对红掌的花期没有明显的影响。因此,用 100 毫克/升的赤霉素和细胞分裂素混合溶液处理红掌是一个能够显著提早红掌开花的切实可行的措施。

2）不同时期 100 毫克/升赤霉素处理对花期的影响　在不同的时期用 100 毫克/升赤霉素处理红掌,对其花期有不同的影响。以 8 月 3 日(具 4 个成熟叶时)的处理效果最好,可以使红掌花期提早 5 周左右;其次是 5 月 3 日的处理,可以使花期提早 4 周左右;以 7 月 3 日的效果最差,仅能使红掌花期提早 8 天左右。花期长度以 8 月 3 日的处理显著长于 5 月 3 日以及其他处理,但在其他指标上与 8 月 3 日处理的差异均不显著。因此,总的来说 8 月 3 日处理的效果要优于 5 月 3 日处理的效果。

3）不同时期 100 毫克/升混合激素处理对红掌开花的影响　在不同的时期用 100 毫克/升混合激素(赤霉素和细胞分裂素混合)处理红掌,对其花期也产生了不同的影响。8 月 3 日的处理效果亦是最好的,可以使红掌花期提早 6 周左右,也是所有处理中使红掌开花最早的处理;其次是 5 月 3 日的处理,可以使花期提早 1 个月左右;以 7 月 3 日的效果最次,但仍能使红掌花期提早将近 20 天。就其花期品质而言,8 月 3 日的处理和 5 月 3 日的处理的效果显著高于其他处理和对照,其中 8 月 3 日的处理的花期长度显著长于 5 月 3 日处理的花期长度。因此,总的来说 8 月 3 日处理是较优的处理。

（6）**水肥调控**　开花期应适当减少浇水,以促开花。水分应该是优质的,特别是植物生长在插花泥或岩棉这类人工基质上。人工基质没有缓冲能力,有可能影响植株生长,推迟开花。红掌属于对盐分较敏感的花卉品种,因此,用于红掌栽培的灌溉水中钠离子和氯离子的含量应小于 3 毫摩尔/升,红掌无法利用过量的钠离子和氯离子,他们的存在会提高 EC,高的 EC 会降低红掌花的大小、产量,推迟开花。在浇水过程中一定要干湿交替进行,利于水分吸收,加快生长,提前花期,切忌在植株缺水严重的情况下浇水,在高温季节通常 3～5 天浇水 1 次,中午还要利用喷淋系统向叶面喷水,以增加室内的相对湿度。寒冷季节浇水应在温室气温达到红掌的正常生长要求时进行,不要在低温时浇水。

根据红掌花、叶循环生长的生长特性,红掌控花关键在于培育健壮的叶片,以促使其有充足的养分供应自身叶腋处长出的花苞的发育,因此,提前 70～90 天开始培育功能叶片并预留花苞,在功能叶基本转绿时适当控制水分 10～15 天,改用 3 000 倍液 10-20-25 肥料进行浇灌,并每月喷施 1 000 倍液 KH_2PO_4 液肥 1～2 次,保持温度 20～28℃,光照 15 000～25 000 勒,相对湿度 70%～80%。当多数盆花开始有多个花苞长出时即进入开花期,应用 3 000 倍 15-20-25 液肥每隔 7～10 天浇灌 1 次,并适当增施钙、镁、硼肥等元素,光照要充足,前期控制光照 15 000～20 000 勒,花苞展开后控制在 10 000～15 000 勒;温度控制冬季 19～28℃、夏季 24～30℃,相对湿度 80%～90%。

根据红掌的结构特点,对红掌进行根部施肥比叶面追肥效果要好得多。因为红掌的叶片表面有一层蜡质,对肥料吸收不好;另外,根部施肥也可以保持叶片和花朵的清洁,所以通常采用根部施肥。小苗期多施氮肥,开花株多施磷、钾肥,少施氮肥,可以提前花,延长花期。并且晴天多施肥,阴天少施肥。红掌采用无土栽培时,所用的营养液必须含有氮、磷、钾、钙、镁、硫、铁、锰、铜、锌、钼等各种营养元素。肥料可用盆栽红掌专用肥,将 A 肥稀释 600～1 000 倍液后,待 A 肥全部溶解后再加入 B 肥,使 EC 控制在 1.5 左右,pH 在 5.5～6,幼苗期应加大稀释倍数。

微量元素铁、硼、锌和钼对红掌的开花品质具有显著影响。15 微摩尔/升的铁,20 微摩尔/升的硼和 5 微摩尔/升的锌对于花枝长度、花径及开花数有显著的提高作用,而且能使佛焰苞片色彩艳丽,呈现鲜红色。但对于单花花期微量元素对开花品质影响不显著,主要还是磷、钾的施用量起主要作用。营养生长过旺会影响花的观赏价值,而氮、磷、钾离子浓度 11:3:9 时,红掌在开花品质上最佳。

液肥施用要掌握定期定量的原则。秋季一般 7～10 天为 1 个周期;夏季可 5～7 天浇肥水 1 次,气温高时可多浇 1 次水;冬季一般 10～15 天浇肥水 1 次。施肥时尽量在上午进行,温度较高时不要施肥,冬季气温较低时应在 9:00 以后施肥,施肥用水要放置 2～3天,使水温和室温一致,切勿用刚抽的冷水浇灌。

(7)**物理调控** 物理调控是指不用化学物品等手段调控花期的方法,其特点是调控时间较长,方法简单易行,无任何副作用。红掌是多年生常绿植物,叶片寿命较长。一般每株保留 3～4 片完全成叶。同时要及时剪除黄叶、病叶,整株染病要及时销毁以免传染其他植株。适时剪叶,叶茂不等于花繁,叶片多不等于产量高质量好,适时剪去老叶可以促进新叶发芽再生,提早开花。

红掌长到一定阶段会萌发侧芽,若不及时摘除会影响开花数与产量,必须进行侧枝处理。待植株长到 5～6 个侧枝后正常处理,可以提前花期,且花多、佛焰苞片大而鲜艳。

(二)红掌的栽培设施

为了满足红掌生产的需要,在正规的花场里,除应具有与生产量适应的花圃土地外,还可配备温室、塑料大棚或小棚、荫棚、风障、温床、地窖、上下水道、储水池、水缸、喷壶、花盆、胶管和农具等。在创办花场或花圃时,需全面考虑,统一安排,做到布局合理,使用方便。

1.温室

温室是覆盖着透光材料,并附有防寒、加温设备的特殊建筑,能够提供适宜植物生长发育的环境条件,是北方地区栽培热带、亚热带植物的主要设施。温室对环境因子的调控能力比其他栽培设施(如风障、冷床等)更好,是比较完善的保护地类型。温室有许多不同的类型,对环境的调控能力也不同,在花卉栽培中有不同的用途。

(1)温室的种类

1)依建筑形式划分 温室的屋顶形状对温室的采光性能有很大影响。出于美观的要求,观赏温室建筑形式很多,有方形、多角形、圆形、半圆形及多种复杂的形式。生产性温室的建筑形式比较简单,基本形式有4类(图5-14):

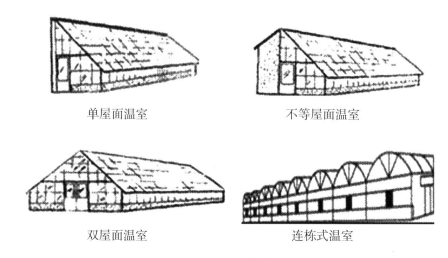

单屋面温室　　　　　　　　　　　不等屋面温室

双屋面温室　　　　　　　　　　　连栋式温室

图5-14　温室类型

①单屋面温室　温室屋顶只有一个向南倾斜的玻璃屋面,其北面为墙体。能充分利用阳光,保温良好,但通风较差,光照不均衡。

②不等屋面温室　温室屋顶具有两个宽度不等的屋面,向南一面较宽,向北一面较窄,二者的比例为4:3或3:2。南面为玻璃面的温室,保温较好,防寒方便,为最常用的一种。

③双屋面温室　温室屋顶有两个相等的屋面,通常南北延长,屋面分向东西两方,偶尔也有东西延长的。光照与通风良好,但保温性能差,适于温暖地区使用。

④连栋式温室　由相等的双屋面温室纵向连接起来,相互连通,可以连续搭建,形成

室内穿通的大型温室。温室屋顶呈均匀的弧形或者三角形。这种温室适合做大面积的栽植,保温良好,但通风较差。

由上述若干个双屋面或不等屋面温室,借纵向侧柱或柱网连接起来,相互通连,可以连续搭接,形成室内串通的大型温室,即为连栋温室,现代化温室均为此类。

2)依建筑材料划分

①土温室　墙壁用泥土筑成,屋顶上面主要材料也为泥土,其他各部分结构为木材,采光面为塑料薄膜。只限于北方冬季无雨季节使用。

②木结构温室　屋架及门窗框等都为木制。木结构温室造价低,但使用几年后,温室密闭度常降低。使用年限一般15~20年。

③钢结构温室　柱、屋架、门窗框等结构均用钢材制成,可建筑大型温室。钢材坚固耐久,强度大,用料较细,支撑结构少,遮光面积较小,能充分利用日光。造价较高,容易生锈,由于热胀冷缩常使玻璃面破碎,一般可用20~25年。

④钢木混合结构温室　除中柱、桁条及屋架用钢材外,其他部分都为木制。由于温室主要结构应用钢材,可建较大的温室,使用年限也较久。

⑤铝合金结构温室　结构轻,强度大,门窗及温室的结合部分密闭度高,能建大型温室。使用年限很长,可用25~30年,但是造价高。是目前大型现代化温室的主要结构类型之一。

⑥钢铝混合结构温室　柱、屋架等采用钢制异形管材结构,门窗框等与外界接触部分是铝合金构件。这种温室具有钢结构和铝合金结构二者的长处,造价比铝合金结构的低,是大型现代化温室较理想的结构。

3)依温室覆盖材料划分

用于温室的覆盖材料类型很多,透光率、老化速度、抗碰撞力、成本等都不同(表5-1),在建造温室时,需要根据具体用途、资金状况、建造地气候条件及温室的结构要求等进行选择。

①玻璃温室　以玻璃为覆盖材料。为了防冰雹,有用钢化玻璃的。玻璃透光度大,使用年限久。

②塑料薄膜温室　以各种塑料薄膜为覆盖材料,用于日光温室及其他简易结构的温室,造价低,也便于用作临时性温室。也可用于制造连栋式大型温室。形式多半圆形或拱形,也有尖顶形的。单层或双层充气膜,后者的保温性能更好,但透光性能较差。常用的塑料薄膜有聚乙烯膜(PE)、多层编织聚乙烯膜、聚氯乙烯膜(PVC)等。

③硬质塑料板温室　多为大型连栋温室。常用的硬质塑料板材主要有丙烯酸塑料板(Acrylic)、聚碳酸酯板(PC)、聚酯纤维玻璃(玻璃钢,FRP)、聚乙烯波浪板(PVC)。聚碳酸酯板是当前温室制造应用最广泛的覆盖材料。

表5-1 常见温室覆盖材料的特点

覆盖材料		透光率(%)	散热率(%)	使用寿命(年)	优点	缺点
玻璃	加强玻璃	88	3	>25	透光率高,绝热,抗紫外线,抗划伤,膨胀收缩系数小	重,易碎,价格高
	低铁玻璃	91~92	<3	>25		
丙烯酸塑料板	单层	93	<5	>20	透光极高,抗紫外线照射,抗老化,不易变黄,质软	易划伤,膨胀收缩系数高,老化后略变脆,造价高,易燃,使用环境温度不能过高
	双层	87	<3	>20		
聚碳酸酯板	单层板	91~94	<3	10~15	使用温度范围宽,强度大,弹性好,轻,不太易燃	易划伤,膨胀收缩系数较高
	双层中空板	83	<3	10~15		
聚酯纤维玻璃	单层	90	<3	10~15	成本低,硬度高,安装方便	不抗紫外线照射,易沾染灰尘,随老化变黄,降解后产生污染
	双层	60~80		7~12		
聚乙烯波浪板	单层	84	<25	>10	坚固耐用,阻燃性好,抗冲击性强	透光率低,延伸性好,随老化逐渐变黄
聚乙烯膜	标准防紫外线膜	<85	50	3	价格低廉,便于安装	使用寿命短,环境温度不宜过高,有风时不易固定
	无滴膜		50	3		

(2)温室环境的调控及调控设备

1)降温系统 温室中常用的降温设施有:自然通风系统(通风窗:侧窗和顶窗等)、强制通风系统(排风扇)、遮阳网(内遮阳和外遮阳)、湿帘-风机降温系统、微雾降温系统。一般温室不采用单一的降温方法,而是根据设备条件、环境条件和温度控制要求采用以上多种方法组合。

①自然通风和强制通风降温 通风除降温作用外,还可降低设施内湿度,补充二氧化碳气体,排除室内有害气体。

a.自然通风系统。温室的自然通风主要是靠顶开窗来实现的,让热空气从顶部散出。简易温室和日光温室一般用人工掀起部分塑料薄膜进行通风,而大型温室则设有相应的通风装置,主要有天窗、侧窗、肩窗、谷间窗等。自然通风适于高温、高湿季节的通风及寒冷季节的微弱换气。

b.强制通风系统。利用排风扇作为换气的主要动力,强制通风降温。由于设备和运行费用较高,主要用于盛夏季节需要蒸发降温,或开窗受到限制、高温季节通风不良的温室。排风扇一般和水帘结合使用,组成水帘-风扇降温系统。当强制通风不能达到降温目的时,水帘开启,启动水帘降温(图5-15)。

图5-15　通风

②蒸发降温系统　蒸发降温是利用水蒸发吸热来降温,同时提高空气的湿度。蒸发降温过程中必须保证温室内外空气流动,将温室内高温、高湿的气体排出温室并补充新鲜空气,因此必须采用强制通风的方法。高温高湿的条件下,蒸发降温的效率会降低。目前采用的蒸发降温方法有湿帘-风机降温和喷雾降温。

a.湿帘-风机降温。湿帘-风机降温系统由湿帘箱、循环水系统、轴流风机、控制系统4部分组成。降温效率取决于湿帘的性能:湿帘必须有非常大的表面积与流过的空气接触,以便空气和水有充分的接触时间,使空气达到近水饱和。湿帘的材料要求有强吸附水能力、强通风透气性能、多孔性和耐用性。国产湿帘大部分是由压制成蜂窝结构的纸制成的。

b.喷雾降温。喷雾降温是直接将水以雾状喷在温室的空中,雾粒直径非常小,只有50～90微米,可在空气中直接汽化,雾滴不落到地面。雾粒汽化时吸收热量,降低温室温度,其降温速度快,蒸发效率高,温度分布均匀,是蒸发降温的最好形式。喷雾降温效果很好,但整个系统比较复杂,对设备的要求很高,造价及运行费用都较高。

③遮阳网降温　遮阳网降温是利用遮阳网(具一定透光率)减少进入温室内的太阳辐射,起到降温效果。遮阳网还可以防止夏季强光、高温条件下导致的一些阴生植物叶片灼伤,缓解强光对植物光合作用造成的光抑制。遮阳网遮光率的变化范围为25%～75%,与网的颜色、网孔大小和纤维线粗细有关。遮阳网的形式多种多样,目前常用的遮阳材料,主要是黑色或银灰色的聚乙烯薄膜编网,对阳光的反射率较低,遮阳率为45%～85%。欧美一些国家生产的遮阳网形式很多,有内用、外用各种不同遮阳率的遮阳网及具遮阳和保温双重作用的遮阳幕,多为铝条和其他透光材料按比例混编而成,既可遮挡

又可反射光线。

a.温室外遮阳系统。温室外遮阳是在温室外另外安装一个遮阳骨架,将遮阳网安装在骨架上。遮阳网用拉幕机构或卷膜机构带动,自由开闭;驱动装置手动或电动,或与计算机控制系统连接,实现全自动控制。温室外遮阳的降温效果好,它直接将太阳能阻隔在温室外。缺点是需要另建遮阳骨架;同时,因风、雨、冰雹等灾害天气时有出现,对遮阳网的强度要求较高;各种驱动设备在露天使用,要求设备对环境的适应能力较强,机械性能优良。遮阳网的类型和遮光率可根据具体要求选择。

b.温室内遮阳系统。温室内遮阳系统是将遮阳网安装在温室内部的上部,在温室骨架上拉接金属或塑料网线作为支撑系统;将遮阳网安装在支撑系统上,不用另行制作金属骨架,造价较温室外遮阳系统低。温室内遮阳网因为使用频繁,一般采用电动控制或电动加手动控制,或由温室环境自动控制系统控制。

温室内遮阳与同样遮光率的温室外遮阳相比,效果较差。温室内遮阳的效果主要取决于遮阳网反射阳光的能力,不同材料制成的遮阳网使用效果差别很大,以缀铝条的遮阳网效果最好。

温室内遮阳系统往往还起到保温幕的作用,在夏季的白天用作遮阳网,降低室温;在冬季的夜晚拉开使用,可以将从地面辐射的热能反射回去,降低温室的热能散发,可以节约能耗20%以上。

2)保温和加温系统

①保温设备　一般情况下,温室通过覆盖材料散失的热量损失占总散热量的70%,通风换气及冷风渗透造成的热量损失占20%,通过地下传出的热量损失占10%以下。因此,提高温室保温性途径主要是增加温室围护结构的热阻,减少通风换气及冷风渗透。生产中经常使用的保温设备有:

a.室外覆盖保温设备。包括草帘、棉被及特制的温室保温被。多用于塑料棚和单屋面温室的保温,一般覆盖在设施透明覆盖材料外表面。傍晚温度下降时覆盖,早晨开始升温时揭开。

b.室内保温设备。主要采用保温幕。保温幕一般设在温室透明覆盖材料的下方,白天打开进光,夜间密闭保温。连栋温室一般在温室顶部设置可移动的保温幕(或遮阳/保温幕),人工、机械开启或自动控制开启。保温幕常用材料有无纺布、聚乙烯薄膜、真空镀铝薄膜等,在温室内增设小拱棚后也可提高栽培畦的温度,但光照一般会减弱30%,且不适用于高秆植物,在花卉生产中不常用。

②加温系统　温室的采暖方式主要有热水式采暖、热风式采暖、电热采暖和红外线加温等。

a.热水加温。热水采暖系统由热水锅炉、供热管道和散热设备3个基本部分组成。热水采暖系统运行稳定可靠,是玻璃温室目前最常用的采暖方式。其优点是温室内温度稳定、均匀,系统热惰性大,温室采暖系统发生紧急故障,临时停止供暖时,2 小时内不会对作物造成大的影响。其缺点是系统复杂,设备多,造价高,设备一次性投资较大。

b.热风加温。热风加温系统由热源、空气换热器、风机和送风管道组成。热风加温系统的热源可以是燃油、燃气、燃煤装置或电加温器,也可以是热水或蒸汽。热源不同,热风加温系统的安装形式也不一样。蒸汽、电热或热水式加温装置的空气换热器安装在温室内,与风机配合直接提供热风。燃油、燃气的加温装置安装在温室内,燃烧后的烟气排放到室外大气中,如果烟气中不含有害成分,可直接排放至温室内。燃煤热风炉一般体积较大,使用中也比较脏,一般都安装在温室外面。为了使热风在温室内均匀分布,由通风机将热空气送入均匀分布在温室中的通风管。通风管由开孔的聚乙烯薄膜或布制成,沿温室长度布置。通风管重量轻,布置灵活且易于安装。

热风加温系统的优点是温度分布比较均匀,热惰性小,易于实现快速温度调节,设备投资少。其缺点是运行费用高,温室较长时,风机单侧送风压力不够,造成温度分布不均匀。

c.电加温。电加温系统一般用于热风供暖系统。另外一种较常见的电加温方式是将电热线埋在苗床或扦插床下面,用以提高地温,主要用于温室育苗。电能是最清洁、方便的能源,但电能本身比较贵,因此只作为临时加温措施。

3)遮光幕　使用遮光幕的主要目的是通过遮光缩短日照时间。用完全不透光的材料铺设在设施顶部和四周,或覆盖在植物外围的简易棚架的四周,严密搭接,为植物临时创造一个完全黑暗的环境。常用的遮光幕有黑布、黑色塑料薄膜 2 种,现在也常使用一种一面白色反光、一面为黑色的双层结构的遮光幕。

4)补光设备　补光的目的一是延长光照时间,二是在自然光照强度较弱时,补充一定光强的光照,以促进植物生长发育,提高产量和品质。补光方法主要是用电光源补光。

用于温室补光的理想的人造光源要求要有与自然光照相似的光谱成分,或光谱成分近似于植物光合有效辐射的光谱;要有一定的强度,能使床面光强达到光补偿点以上和光饱和点以下,一般在 30 000 ~ 50 000 勒,最大可达 80 000 勒。补光量依植物种类、生长发育阶段以及补光目的来确定。用于温室补光的光源主要有白炽灯、荧光灯、高压汞灯、金属卤化物灯、高压钠灯。它们的光谱成分不同,使用寿命和成本也有差异。

在短日照条件下,给长日照植物进行光周期补光时,按产生光周期效应有效性的强弱,各种电光源可以排列如下:白炽灯>高压钠灯>金属卤化灯=冷白色荧光灯=低压钠灯>汞灯。

荧光灯在欧美温室生产中广泛用于温室种苗生产,很少用于成品花卉生产。金属卤化物灯和高压钠灯在欧美国家广泛用于花卉和蔬菜的光合补光。

除用电灯补光外,在温室的北墙上涂白或张挂反光板(如铝板、铝箔或聚酯镀铝薄膜)将光线反射到温室中后部,可明显提高温室内侧的光照强度,可有效改善温室内的光照分布。这种方法常用于改善日光温室内的光照条件。

5)防虫网 温室是一个相对密闭的空间,室外昆虫进入温室的主要入口为温室的顶窗和侧窗,防虫网就设于这些开口处。防虫网可以有效地防止外界植物害虫进入温室,使温室中花卉免受病虫害的侵袭,减少农药的使用。安装防虫网要特别注意防虫网网孔的大小,并选择合适的风扇,保证使风扇能正常运转,同时不降低通风降温效率。

6)二氧化碳施肥系统 二氧化碳施肥可促进花卉作物的生长和发育进程,增加产量,提高品质,促进扦插生根,促进移栽成活,还可增强花卉对不良环境条件的抗性,已经成为温室生产中的一项重要栽培管理措施。但技术要求较高。现代化的温室生产中一般配备二氧化碳发生器,结合二氧化碳浓度检测和反馈控制系统进行二氧化碳施肥,施肥浓度一般在600~1 500微升/升,绝不能超过5 000微升/升,二氧化碳浓度达到5 000微升/升时,人会感到乏力,不舒服。目前,中国的蔬菜生产中已经常采用化学反应产生二氧化碳或二氧化碳燃烧发生器等方法进行二氧化碳施肥,但在花卉生产中还很少采用。相信不久的将来,二氧化碳施肥措施会很快用于中国的花卉生产。

7)施肥系统 在设施生产中多利用缓释性肥料和营养液施肥。营养液施肥广泛地应用于无土栽培中,无论采取基质栽培还是无基质栽培,都必须配备施肥系统。施肥系统可分为开放式(对废液不进行回收利用)和循环式(回收废液,进行处理后再行使用)2种。施肥系统一般是由储液槽、供水泵、浓度控制器、酸碱控制器、管道系统和各种传感器组成。施肥设备的配置与供液方法的确定要根据栽培基质、营养液的循环情况及栽培对象而定。自动施肥机系统可以根据预设程序自动控制营养液中各种母液的配比、营养液的 EC 和 pH、每天的施肥次数及每次施肥的时间,操作者只需要按照配方把营养液的母液及酸液准备好,剩下的工作就由施肥机来进行了,如丹麦生产的 Volmatic 施肥机系统。比例注肥器是一种简单的施肥装置,将注肥器连接在供水管道上,由水流产生的负压将液体肥料吸入混合泵与水按比例混合,供给植物。营养液施肥系统一般与自动灌溉系统(滴灌、喷灌)结合使用。

8)灌溉设备 灌溉系统是温室生产中的重要设备,目前使用的灌溉方式大致有人工浇灌、漫灌、喷灌(移动式和固定式)、滴灌、渗灌等。前两者为较原始的灌溉方式,无法精确控制灌溉的水量,也无法达到均匀灌溉的目的,常造成水肥的浪费。人工灌溉现在多只用于小规模花卉生产。后几种方式多为机械化或自动化灌溉方式,可用于大规模花卉生产,容易实现自动控制灌溉。

典型的滴灌系统由储水池(槽)、过滤器、水泵、注肥器、输入管道、滴头和控制器等组成。使用滴灌系统时,应注意水的净化,以防滴孔堵塞,一般每盆或每株植物一个滴箭。

固定式喷灌是喷头固定在一个位置,对作物进行灌溉的形式,目前温室中主要采用倒挂式喷头进行固定式喷灌。固定式喷灌还适用于露地花卉生产区及花坛、草坪等各种园林绿地的灌溉。移动式喷灌采用吊挂式安装,双臂双轨运行,从温室的一端运行到另一端,使喷灌机由一栋温室穿行到另一栋温室,而不占用任何种植空间,一般用于育苗温室。

渗灌是将带孔的塑料管埋设在地表下 10～30 厘米处,通过渗水孔将水送到作物根区,借毛细管作用自下而上湿润土壤。渗灌不冲刷土壤、省水、灌水质量高、土表蒸发小,而且降低空气湿度。缺点是土壤表层湿度低、造价高,管孔堵塞时检修困难。

除以上所提及的灌溉方式外,欧美国家的温室花卉生产中还常采用多种自动灌溉方式,如湿垫(毛细管)灌溉、潮汐式灌溉系统等。

2. 塑料大棚

覆盖塑料薄膜的建筑称为塑料大棚。塑料大棚是花卉栽培及养护的又一主要设施,可用来代替温床、冷床,甚至可以代替低温温室,而其费用仅为建一温室的 1/10 左右。塑料薄膜具有良好的透光性,白天可使地温提高 3℃ 左右,夜间气温下降时,又因塑料薄膜具有不透气性,可减少热气的散发起到保温作用。在春季气温回升昼夜温差大时,塑料大棚的增温效果更为明显。如早春月季、唐菖蒲、晚香玉等,在棚内生长比在露地可提早 15～30 天开花,晚秋时花期又可延长 1 个月。由于塑料大棚建造简单,耐用、保温、透光、气密性能好,成本低廉,拆转方便,适于大面积生产等特点,近几年来,在花卉生产中已被广泛应用,并取得了良好的经济效益。

塑料大棚以单层塑料薄膜作为覆盖材料,全部依靠日光作为能量来源,冬季不加温。塑料大棚的光照条件比较好,但散热面大,温度变化剧烈。塑料大棚密封性强,棚内空气湿度较高,晴天中午温度会很高,需要及时通风降温、降湿。

塑料大棚在北方只是临时性保护设施,常用于观赏植物的春提前、秋延后生产。大棚还用于播种、扦插及组培苗的过渡培养等,与露地育苗相比具有出苗早、生根快、成活率高、生长快、种苗质量高等优点。

塑料大棚一般南北延长,长 30～50 米,跨度 6～12 米,脊高 1.8～3.2 米,占地面积180～600 平方米,主要由骨架和透明覆盖材料组成,棚膜覆盖在大棚骨架上。大棚骨架由立柱、拱杆(架)、拉杆(纵梁)、压杆(压膜绳)等部件组成。棚膜一般采用塑料薄膜,目前生产中常用的有聚氯乙烯(PVC)、聚乙烯(PE)。目前,乙烯-醋酸乙烯共聚物(EVA)膜和氟质塑料(F-clean)也逐步用于设施花卉生产。

(1)塑料大棚的类型和结构

1)根据屋顶的形状分

a. 拱圆形塑料大棚。这种类型大棚在我国使用很普遍,屋顶呈圆弧形,面积可大可小,可单幢亦可连幢,建造容易,搬迁方便。小型的塑料棚可用竹片做骨架,光滑无刺,易于弯曲造型,成本低。大型的塑料棚常采用钢管架结构,用 6～12 毫米的圆钢制成各种形式的骨架。

b.屋脊形塑料大棚。采用木材或角钢为骨架的双屋面塑料大棚,多为连栋式,具有屋面平直、压膜容易、开窗方便、通风良好、密闭性能好的特点,是周年利用的固定式大棚。

2)根据耐久性能分

a.固定式塑料大棚。使用固定的骨架结构,在固定的地点安装,可连续使用2~3年以上。这种大棚多采用钢管结构,有单栋或连栋,拱圆形或屋脊形等多种形式,面积常有667~6 667平方米。多用于栽培菊花、香石竹等的切花,或观叶植物与盆栽花卉等。

b.简易式移动塑料棚。用比较轻便的骨架,如竹片、条材或6~12毫米的圆钢,曲成半圆形或其他形式,罩上塑料薄膜即成。这种塑料大棚多作为扦插繁殖、花卉的促成栽培、盆花的越冬等使用。露地草花的防霜防寒,也多就地架设这种塑料棚,用后即可拆除,十分方便。

(2)大棚常用的覆盖材料

1)聚氯乙烯薄膜(PVC) 这种薄膜具有透光性能好、保温性强、耐高温、耐酸、扩张力强、质地软、易于铺盖等特点,是我国园艺生产使用最广泛的一种覆盖材料。厚度以0.075~0.1毫米为最标准规格,而大型连栋式的大棚则多采用0.13毫米厚度,宽度以180厘米为标准规格,也有宽幅为230~270厘米。其缺点是易吸附尘土。

2)聚乙烯薄膜(PE) 这种薄膜具有透光性好,新膜透光率达80%左右;附着尘土少,不易粘连,收缩率高,达70%以上;价格比聚氯乙烯薄膜低等优点。但缺点是夜间保温性能较差,雾滴严重;扩张力、延伸力也不如聚氯乙烯,于直射光下的耐晒性也比聚氯乙烯的1/2还低,使用周期4~5个月。所以聚乙烯薄膜多用在温室里做双重保温幕,在外面使用时则多用于可短期收获的作物的小棚上。但在欧洲各国主要使用这种塑料薄膜,厚度在0.2毫米以上。

3)聚乙烯长寿膜 以聚乙烯为基础原料,含有一定比例的紫外线吸收剂、防老化剂和抗氧化剂。厚度0.1~0.12毫米,使用寿命1.5~2年。

4)聚乙烯无滴长寿膜 以聚乙烯为基础原料,含有防老化剂和无滴性添加剂。厚度0.1~0.12毫米,无结露现象。使用寿命1.5~2年以上。

5)多功能膜 以聚乙烯为基础原料,加入多种添加剂,如无滴剂、保温剂、耐老化剂等。具有无滴、长寿、保温等多种功能。厚度为0.06~0.08毫米,使用寿命1年以上。

3.荫棚

荫棚是红掌栽培必不可少的设施。它具有避免日光直射、降低温度、增加湿度、减少蒸发等特点。

温室花卉大部分种类属于半阴性植物,不耐夏季温室内之高温,一般均于夏季移出温室,置于荫棚下养护;夏季嫩枝扦插及播种等均需在荫棚下进行;一部分露地栽培的切花花卉如设荫棚保护,可获得比露地栽培更为良好的效果。刚上盆的花苗和老株,有的虽是阳性花卉,也需在荫棚内养护一段时间度过缓苗期。

荫棚应建在地势高燥、通风和排水良好的地段,保证雨季棚内不积水,有时还要在棚的四周开小型排水沟。棚内地面应铺设一层炉渣、粗沙或卵石,以利于排出盆内多余的积水。

荫棚的位置应尽量搭在温室附近,这样可以减少春、秋两季搬运盆花时的劳动强度,但不能遮挡温室的阳光。荫棚的北侧应空旷,不要有挡风的建筑物,以免盛夏季节棚内闷热而引起病虫害发生。如果在荫棚的西、南两侧有稀疏的林木,对降温、增湿和防止西晒都非常有利。

荫棚有临时性和永久性两类。临时性荫棚于每年初夏使用时临时搭设,秋凉时逐渐拆除。主架由木材、竹材等构成。永久性荫棚是固定设备,骨架用水泥柱或铁管构成。

荫棚的高度应以本花场内养护的大型阴性盆花的高度为准,一般不应低于 2.5 米。立柱之间的距离可按棚顶横担梁的尺寸来决定,最好不要小于 2 米×3 米,否则花木搬运不便,并会减少棚内的使用面积。一般荫棚都采用东西向延长,荫棚的总长度应根据生产量来计算,每隔 3 米立柱一根,还要加上棚内步道的占地面积。整个荫棚的南北宽度不要超过 10 米,太宽则容易窝风;太窄,遮阴效果不佳,而且棚内盆花的摆放也不便安排。

如果需将棚顶所盖遮阴材料延垂下来,注意其下缘应距地 60 厘米左右,以利通风。荫棚中,可视其跨度大小沿东西向留 1~2 条通道。

4. 风障

风障是用秸秆和草帘等材料做成的防风设施,我国北方常用的简单保护措施之一,在花卉生产中多于冷床或温床结合使用,可用于耐寒的二年生花卉越冬,一年生花卉提早播种和开花(图 5-16)。风障的防风效果极为显著,能使风障前近地表气流比较稳定,一般能削弱风速 10%~50%,风速越大,防风效果越显著。风障的防风范围为风障高度的 8~12 倍。在我国北方冬春晴朗多风的地区,风障是一种常用保护地栽培措施,但在冬季光照条件差、多南向风或风向不定的地区不适用。

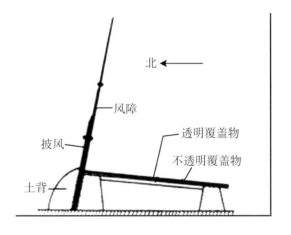

图 5-16　风障

5. 温床和冷床

（1）**温床** 目前常用的是电热温床。选用耐高温的绝缘材料、耗电少、电阻适中的加热线作为热源，发热 50 ~ 60℃。在铺设线路前先垫以 10 ~ 15 厘米厚的煤渣等，再盖以 5 厘米厚的河沙，加热线以 15 厘米间隔平行铺设，最后覆土。温度可用控温仪来控制。

（2）**冷床** 冷床是不需要人工加温而只利用太阳辐射维持一定温度，使植物安全越冬或提早栽培繁殖的栽植床。它是介于温床和露地栽培之间的一种保护地类型，又称阳畦。广泛用于冬春季节日光资源充足而且多风的地区，主要用于二年生花卉的越冬及一二年生花卉的提前播种，耐寒花卉促成栽培及温室种苗移栽露地前的锻炼。

6. 栽培容器及其他设施

（1）**栽培床（槽）** 主要用于各类保护地中。栽培床通常直接建在地面上。根据温室走向和所种植花卉的需求而定，一般是沿南北方向用砖在地面上砌成一长方形的槽，槽壁高约 30 厘米，内宽 80 ~ 100 厘米，长度不限。也有的将床底抬高，距地面 50 ~ 60 厘米，槽内深 25 ~ 30 厘米，床体材料多采用混凝土，现在也常用硬质塑料板折叠成槽状，或用发泡塑料或金属材料制成。

在现代化的温室中，一般采用可移动式栽培床。床体用轻质金属材料制成，床底部装有"滚轮"或可滚动的圆管用以移动栽培床。使用移动式苗床时，可以只留一条通道的空间，通常宽 50 ~ 80 厘米，通过苗床滚动平移，可依次在不同的苗床上操作。使用移动式苗床可以利用温室面积达 86% ~ 88%，而设在苗床间固定通道的温室的利用面积只占 62% ~ 66%。提高温室利用面积意味着增加了产量。

移动式栽培床一般用于生产周期较短的盆花和种苗的生产。栽培槽常用于栽植期较长的切花栽培。

不论何种栽培床（槽），在建造和安装时，都应注意：栽培床底部应有排水孔道，以便及时将多余的水排掉；床底要有一定的坡度，便于多余的水及时排走；栽培床宽度和安装高度的设计，应以有利于人员操作为准。一般情况下，如果是双侧操作，床宽不应超过 180 厘米，床高（从上沿到地面）不应超过 90 厘米。

（2）**花盆** 花盆是重要的花卉栽培容器，其种类很多。

1）素烧盆 又称瓦盆，黏土烧制，有红盆和灰盆两种。虽质地粗糙，但排水良好，空气流通，适于花卉生长；通常圆形，规格多样。虽价格低廉，但不利于长途运输，目前用量逐年减少。

2）陶瓷盆 瓷盆为上轴盆，常有彩色绘画，外形美观，但通气性差，不适宜植物栽培，仅适合作套盆，供室内装饰之用。除圆形外，也有方形、菱形、六角形等。

3）木盆或木桶 需要用 40 厘米以上口径的盆时即采用木盆。木盆形状仍以圆形较多,但也有方形的。盆的两侧应设把手,以便搬动。现在木盆正在被塑料盆或玻璃钢盆所取代。

4)塑料盆 质轻而坚固耐用,可制成各种形状,色彩也极为丰富。由于塑料盆的规格多、式样新、硬度大、美观大方、经久耐用及运输方便,目前已成为国内外大规模花卉生产及流通贸易中主要的容器,尤其是在规模化盆花生产中应用更加广泛。虽然塑料盆透水、透气性能较差,但只要注意培养土的物理性状,使之疏松通气,便可以克服其缺点。

近年来,栽培容器已突破传统的范围,向家庭日常器具发展,应用的种类极其繁多,只要配制得当,无不适宜。常见的有底部和四周有网孔的塑料容器,如自行车筐、菜篮、花篮、筷笼、水果筐等。为保土,可用水苔、棕榈皮等植物材料铺设一层后,再放培养土。另一种无孔的塑料容器,如杯、盘、碗、冷饮盆等,使用肘或在底部烫孔,或用砾石做成积水层,以储多余肥水。

玻璃容器透明,容器内栽种植物有清凉之感,如玻璃制的缸、杯、盘、箱等,有敞口式和封闭式两种。封闭式管理比较奇妙,简单。

金属容器表面具光泽,线条硬朗,形状各异,常给人坚实、沉着的感觉。如啤酒罐、壶、缸等种类。

因为家庭日常器具来源广泛,选用时尽可以别出心裁,五花八门。可根据各人的爱好,表现出各种层次的趣味和美感。

(3)**育苗容器** 红掌种苗生产中常用的育苗容器有穴盘、育苗盘、育苗钵等。

1)穴盘 穴盘是用塑料制成的蜂窝状的由同样规格的小孔组成的育苗容器。盘的大小及每盘上的穴洞数目不等。一方面,满足不同花卉种苗大小差异以及同一花卉种苗不断生长的要求;另一方面,也与机械化操作相配套。规格128～800穴/盘。穴盘能保持种苗根系的完整性,节约生产时间,减少劳动力,提高生产的机械化程度,便于花卉种苗的大规模工厂化生产。中国20世纪80年代初开始利用穴盘进行种苗生产。常用的穴盘育苗机械有混料、填料设备和穴盘播种机,这是穴盘苗生产的必备机械。

2)育苗盘 育苗盘也叫催芽盘,多由塑料制成,也可以用木板自行制作。用育苗盘育苗有很多优点,如对水分、温度、光照容易调节,便于种苗储藏、运输等。

3)育苗钵 育苗钵是指培育小苗用的钵状容器,规格很多。按制作材料不同可分为两类:一类是塑料育苗钵,由聚氯乙烯和聚乙烯制成,多为黑色,个别为其他颜色;上口直径6～15厘米,高10～12厘米。育苗钵外形有圆形和方形两种。另一类是有机质育苗钵,是以泥炭为主要原料制作的,还可用牛粪、锯末、黄泥土和草浆制作。这种容器质地疏松透气、透水,装满水后能在底部无孔情况下,40～60分内全部渗出。由于钵体会在土壤中迅速降解,不会影响根系生长,移植时育苗钵可与种苗同时栽入土中,不会伤根,无缓苗期,成苗率高,生长快。

（三）红掌温室的栽培管理

红掌喜湿,不耐低温,在我国北方秋冬季属于温室花卉,通常种植红掌鲜切花采用的是日光温室或玻璃温室。

1. 温室育苗

红掌栽培材料有组培苗(图5-17)、扦插苗、分株苗等,以组培苗表现最佳。从组培苗到大田生产中,炼苗是其中较为关键的一环,稍有不慎,便会造成大量死亡。荷兰安祖种苗公司和瑞恩种苗公司是当今世界上最大的红掌组培苗供应商。目前流行的主要品种有:亚里桑那、亚特兰大、红冠军、粉冠军、北京成功等。生产实践表明,进口的红掌组培苗具有生长速度快、生长整齐、叶大花艳、抗病性强、商品性好等优势,但价格较高;国产组培苗质量稍逊于进口苗,但价格仅为进口苗的1/3,今后将以低廉的价格优势占据市场,只要种植技术过关,国产苗也可以长成不错的产品,可以满足大众消费的需要。红掌瓶苗出瓶前应打开瓶盖在3 000~5 000勒光照条件下炼苗7~10天,保持温度22~28 ℃。瓶苗移栽基质可用3份泥炭、1份珍珠岩和1份椰糠混配的基质,也可用河沙、花泥碎块等。移栽时保持温度22~30 ℃、空气相对湿度80%~90%、散射光强度8 000~10 000勒。小苗成活后每隔1周浇1次营养液,促进生长,注意喷水保湿。待小苗长到4~5片叶后,即可种植苗床。

图5-17 组培苗

2. 定植

红掌四季均可定植,基质栽培床(图5-18)常采用低床,或以砖、水泥做成边框高于地面35厘米的高床即可,床宽60~200厘米,步道40厘米。苗床需做小幅度的排水坡度,床内平铺厚约25厘米的花泥碎块。花泥碎块既可为花苗根系提供充足的呼吸空间,又可吸附大量水分和肥料供植物生长。由于花泥本身释放甲醛,所以栽培床不必消毒,静置7天再用水浸泡并用生石灰调节pH到6左右。定植时,60厘米宽床每床2行;80厘米宽床植3行;100厘米宽植4行;200厘米宽种6行,保持行距30厘米,株距40厘米。定植时避免阳光直射,保持温度20~28℃,相对湿度80%~90%,不可长时间空气对流,定植深度以刚露出生长点为宜(图5-19)。若当天不能全部完成种植,需将所剩花苗进行一次根部补水。定植好及时浇缓苗水,一天2次。

图5-18　栽培床

图5-19　栽培床定植

3.定植后管理

(1)**肥水管理**　待花苗开始生根,可每天上午浇一次稀薄肥水,EC为0.8毫西/厘米。红掌喜肥,肥料以液肥为主,定植1个月后,如果花苗根系正常生长,可将肥水的浓度适当调大。施肥配方(10升水100倍浓缩液)如下:大量元素,硝酸钾120克、硝酸钙100克、硫酸镁65克、磷酸二氢钾40克;微量元素,乙二铵四乙酸二钠6克、硫酸亚铁4.2克、硫酸铜200毫克、钼酸钠200毫克、硫酸锌1.2克、硫酸锰1克。pH 5.8(可选用硝酸或磷酸调节),EC为1.2毫西/厘米。采用喷灌进行根部肥水供应。夏天浇水每天3升/米^3,冬天每天1升/米^3,气温高时可增加1次浇水,肥料随着上午一次浇水喷施。在花苗营养生长时期,应多施氮肥,控制磷钾肥,使花苗尽快长高。当花苗进入生殖生长时期,则应少施氮肥,多施磷钾肥,以促进花芽分化。但需注意在整个生长过程中,施用氮的浓度不超过250毫克/升,肥料中还要注意镁、硫、钙、硼、铜、锌、锰、钼等元素的供应,而Na$^+$、Cl$^-$应少施或不施,同时还应尽量减少铵态氮的施用。

(2)**温度管理**　红掌对温度要求较高,适温为20~30℃,冬季夜温不能低于13℃,否则叶片变黄,生长不良,幼花芽刚刚抽出叶柄或在叶柄中就会腐烂干枯。红掌生长所能忍耐的高温为35℃,高出35℃植株生长发育迟缓,温度30℃以上时要通风降温。一般阴天温度宜控制在 18~20 ℃,晴天温度宜控制在 20~28 ℃。夏季温度高时,应加强通风,并覆盖遮阳网(图 5-20、图 5-21、图 5-22、图 5-23)。

图 5-20 高档连栋玻璃(阳光板)温室大棚遮阳网

图 5-21 高档连栋玻璃(阳光板)温室大棚遮阳网收起

图 5-22　钢结构连栋大棚覆盖遮阳网

图 5-23　日光温室大棚覆盖遮阳网

寒流来时,温度如低于15 ℃,应注意采取防寒措施。秋季应对棚膜进行彻底的清理(图5-24),充分利用自然光给棚内加温,并覆盖棉被或草帘保温。

图5-24　秋季彻底清理的棚膜

(3)**光照管理**　红掌喜半阴环境,但对光非常敏感,光的水平影响花茎的长度与佛焰苞片的大小,随光的水平的增强而增加,最理想的光强为20 000勒左右。高寒地带冬季可不必遮光,夏季应遮光50%左右,春季30%左右。若生长期遮阴度过大,往往造成植株偏高,叶柄长,花朵色彩差,缺乏光泽。

(4)**湿度管理**　红掌工厂化生产,关键是保持相对高的空气湿度,一定的湿度有利于红掌生长。红掌对水分比较敏感,尤其是空气湿度,以空气相对湿度60%～85%最为适宜,保持较高的空气湿度是养好红掌的关键。生长期经常向叶面或地面喷水,增加空气湿度,对茎叶开花十分有利。为了增加湿度也可使用喷淋系统(图5-25),也起到降温的作用。生长期可多浇水,冬季温度较低,浇水不能过多,以防根部腐烂,但空气相对湿度仍需保持在60%以上。

图 5-25　温室内的喷淋系统

（5）**去除吸芽**　吸芽通常生长于植株基部,能再生新的植株。如果再生的植株过多,就会导致植株弯茎并且开花较小,而且,吸芽还会从母体中吸收营养,不利于花的生长,应及时去除。

（6）**剪叶**　红掌是多年生常绿植物,叶片寿命较长。如果剪花以后继续保留所有叶片会因叶片过密而造成相互遮盖,使新叶因光照不足而生长不良,从而降低切花质量,因此需要适时剪除植株下部老叶。一般每株保留 3~4 片完全成叶。同时要及时剪除黄叶、病叶,整株染病要及时销毁,以免传染其他植株。

六、红掌的病虫害防治技术

（一）生理病害及其预防

生理病害是由非生物因素引起的,如:花畸形,花生长受阻,花苞掉落,佛焰苞片粘连和裂隙,花过早衰退。原因是生长环境不利于花的生长,由于花鞘将花包得过紧,当花从花鞘中长出时,常会以畸形和裂隙出现,或由于在栽培过程中温湿度、通风及水肥不适宜所造成的植株体内生理失常。严格做好栽培管理,浇水施肥要适量,保持植株通风良好,及时调整好株距,并选择透气性好的栽培基质,控制好相对湿度。生理病害主要有花苞掉落和输送过程的冷害。

1.花苞掉落

在开花完成阶段,如果光线过强、温度太高等容易引起花苞自花梗上脱落;根系的品质不良也会造成此现象,花卉在输送之前如果未经适应阶段也会有落苞现象。

(1)温度

红掌对温度较敏感,适宜生长温度为 14 ~ 35 ℃,最适温度 19 ~ 25 ℃,昼夜温差 3 ~ 6 ℃,即最好白天 21 ~ 25 ℃。长时间低于 13 ℃左右,植株虽不会死亡,但很长时间难以恢复生长;当温度高于 35 ℃,且光照较足,叶面易出现灼伤,甚至引起花苞掉落。

在集约化生产条件下,升温常采用温度自动控制设备,冬季由锅炉供暖或安装暖风供暖设备,如燃油加温机、双层塑料布、防寒布、蒲席、稻草等。降温常采用水帘-风扇降温系统,这也是我国北方降温常用的方法,或水雾降温增湿设备,也可开温室顶窗、侧窗,卷起塑料棚侧面的塑料布。

(2)光照

红掌是按照"叶→花→叶→花"的循环生长的。花序是在每片叶的腋中形成的。这就导致了花与叶的产量相同,产量的差别最重要的因素是光照。如果光照太少,在光合作用的影响下植株所产生的同化物也很少;当光照过强时,植株的部分叶片就会变暖,有可能造成叶片变色、灼伤或焦枯现象。为防止花苞变色或灼伤,必须有遮阴保护。温室内红掌光照的获得可通过活动遮阳网来调控;在晴天时遮掉 75% 的光照,温室最理想的光照是 20 000 勒左右,最大光照强度不可长期超过 25 000 勒,早晨、傍晚或阴雨天则不用遮光。然而,红掌在不同生长阶段对光照要求各有差异。如营养生长阶段(平时摘去花蕾)时光照要求较高,可适当增加光照,促使其生长;开花期间对光照要求低,可用活动遮光网调至 10 000 ~ 15 000 勒,以防止花苞变色,影响观赏。

(3)水分

幼苗期由于植株根系弱小,在基质中分布较浅,不耐干旱,栽后应每天喷 2 ~ 3 次水,要经常保持基质湿润,促使其早发多抽新根,并注意盆面基质的干湿度;中、大苗期植株生长快,需水量较多,水分供应必须充足;开花期应适当减少浇水,增施磷、钾肥,以促开花。然而,规模化栽培红掌成功的关键是保持相对高的空气湿度。尤其在高温季节,可通过喷淋系统、雾化系统来增加温室内的空气相对湿度。但要注意傍晚不要喷雾叶面,一定要保证红掌叶面夜间没有水珠;以避免高温灼伤叶片,出现焦叶、花苞致畸、褪色现象。在浇水过程中一定要干湿交替进行,切莫在植株发生缺水严重的情况下浇水,这样会影响其正常生长发育。在高温季节通常 2 ~ 3 天浇水一次,中午还要利用喷淋系统向叶面喷水,以增加室内的相对湿度。寒冷季节浇水应在 9:00 ~ 16:00 进行,以免冻伤根系。

最适空气相对湿度为 70% ~ 80%,不宜低于 50%,因为保持栽培环境中较高的空气湿度,是红掌栽培成功的关键。因此,一年四季应多次进行叶面喷水。红掌不耐强光,全年宜在适当遮阴的环境下栽培,即选择有保护性设施的温室栽培。春、夏、秋季应适当遮阴,尤其是夏季需遮光 70%。阳光直射会使其叶片温度比气温高,叶温太高会出现灼伤、焦叶、花苞褪色和叶片生长变慢等现象。

(4)肥料

根据荷兰栽培的经验,对红掌进行根部施肥比叶面追肥效果要好得多。因为红掌的叶片表面有一层蜡质,不能对肥料进行很好的吸收。液肥施用要掌握定期定量的原则,秋季一般 3 ~ 4 天为一个周期,如气温高,可以视盆内基质干湿程度 2 ~ 3 天浇肥水一次;夏季可 2 天浇肥水一次,气温高时可多浇一次水;秋季一般 5 ~ 7 天浇肥水一次。施肥时间因气候环境而异,一般情况下,在 8:00 ~ 17:00 施用;冬季或初春在 9:00 ~ 16:00 进行。每次施肥必须由专人操作,并严格把好液肥(母液)的稀释浓度和施用量。把稀释后液肥的 pH 调至 5.7 左右,EC 为 1.2 毫西/厘米时施用。此外,在液肥施用 2 小时后,用喷淋系统向植株叶面喷水,冲洗残留在叶片上的肥料,保持叶面清洁,避免藻类滋生。

(5)气体

空气的流通对所有花卉都非常重要。红掌也不例外,尤其在高温闷热的环境下,更需要流动的空气来降低温度,此时可以在栽培室内安置循环风机,以制造流动的空气。

(6)生产

红掌经过一段时间的栽培管理,基质会产生生物降解和盐渍化现象,从而使其基质 pH 降低、EC 增大,从而影响植株根系对肥水的吸收能力。因此,基质的 pH 和 EC 必须定期测定,并依测定数据来调整各营养元素的比例,以促进植株对肥水的吸收。另外,大多红掌会在根部自然地萌发许多小吸芽,争夺母株营养,而使植株保持幼龄状态,影响株型。摘去吸芽可从早期开始,以减少对母株的伤害。

2.输送过程的冷害

(1)低温胁迫对红掌生理状态的影响　目前,国内外对红掌抗寒生理方面的研究报道较少,且系统性不强。陈日远等研究了不同温度下红掌叶片的细胞透性和过氧化物酶活性的变化;高惠兰等研究了低温胁迫对经冷锻炼的红掌叶片膜脂过氧化及保护酶活性的影响;乔永旭等将红掌叶片浸入质量浓度不同的水杨酸(SA)水溶液中,在4℃条件下,测试分析了SA水溶液对红掌叶片活性氧、可溶性糖、可溶性蛋白、丙二醛(MDA)、脯氨酸和细胞膜透性的影响。

1)低温胁迫对红掌叶片电解质渗透率、MDA含量的影响　低温是限制冷敏感植物分布及其生长最重要的环境因素。生物膜是植物受低温伤害的原初部位,低温引起植物细胞膜透性发生变化,是植物低温伤害的一个重要原因。Foyer认为抗寒性较强的植物或者是植物受冻害较轻时,其生物膜透性的增加较小,而且这种透性的变化还可以逆转,恢复正常。反之,植物的抗寒性较弱或是植物受到较重的冻害时,其生物膜的透性会大大增加,而且不可逆转,对植物造成伤害甚至使植物死亡。在田丹青、葛亚英等研究中表明随着低温处理时间的延长,红掌叶片相对电导率不断提高,说明细胞膜受伤害程度严重,抗寒能力较弱;抗寒性不同的品种,其相对电导率上升幅度不同,这与其他许多研究结果相类似;并且在低温胁迫后,伴随着相对电导率的提高,MDA含量也明显提高,相对电导率和MDA含量表现出了较强的相关性,这说明生物膜的破坏是由于膜脂过氧化造成的。而且相对电导率的上升及MDA的含量与各品种所表现的冷害症状较一致,可以作为红掌抗寒性的鉴定指标,同时也说明膜伤害是引起抗寒性差异的重要原因。

2)低温胁迫对红掌叶片抗氧化酶活性的影响　膜脂过氧化的原因在于活性氧的积累。在正常情况下植物体内活性氧代谢处于平衡状态,当遭遇如低温等不良环境时,活性氧的产生和清除失去平衡,体内活性氧大量积累,其可以造成膜脂脱酯化、蛋白质变性,甚至DNA突变等一系列不良反应,对植物体造成伤害。植物通过一系列精密、复杂的系统来调控自身活性氧代谢水平,抗氧化酶在活性氧清除过程中发挥重要作用。SOD是植物体内清除活性氧系统的第一道防线,处于保护系统的核心位置,其主要功能是清除活性氧,并产生过氧化氢。抗寒性较强的品种具有较高的SOD活性,这与在水稻中研究的结果类似。CAT是膜保护系统的另一种关键酶,能够在逆境胁迫中清除植物体内的过氧化氢,减少-OH的形成。POD是植物清除过氧化氢的主要酶类之一,它在调节植物的代谢平衡方面起着重要作用。随着低温胁迫时间的延长,红掌的POD活性持续增强,与高惠兰等认为POD活性的稳定性能够增加红掌的抗寒性结论比较一致。田丹青、葛亚英等的研究中表明抗寒性差的红掌品种叶片POD活性对低温比较敏感,变化幅度较大,受到低温伤害后难以恢复到正常水平。红掌叶片的 POD 活性变化与其他作物有所不同，其作用有待进一步研究。因此，CAT 和 SOD 的活性可作为红掌抗寒性的鉴定指标。因此可以得出不同品种红掌对低温的抗性不同，这种抗寒性差异可能与其叶片抗氧酶活性有关。

3）水杨酸（SA）对红掌抗旱性的影响　水杨酸是一种广泛存在于高等植物中的简单酚类化合物，它参与调节植物的许多生理过程，被认为是植物对逆境反应的信号传导分子，能够诱导相关蛋白基因表达，引发产生系统抗性。研究发现，用 SA 处理黄瓜、西瓜、玉米等幼苗，均能使其抗寒能力增强，由此推测水杨酸也能使红掌的抗旱性增强。

低温引起植物细胞膜透性发生变化，是植物低温伤害的一个重要原因。红掌植株在常温 25 ℃下经不同浓度的 SA（0～500 毫克/升）处理 1 天后，置于 6 ℃低温下冷胁迫处理 2 天，叶片相对电导率测定结果表明不同浓度 SA 处理抗冷效果有一定差异：低浓度（100 毫克/升）明显增加了电解质的泄漏，表明其加剧了低温伤害；高浓度（500 毫克/升）处理的相对电导率略有增加，200 毫克/升和 400 毫克/升处理的相对电导率稍有降低，表明这 3 种浓度处理的抗寒效果不明显；而当 SA 浓度为 300 毫克/升时，相对电导率下降明显，抗寒效果较好。300 毫克/升的 SA 处理可以提高红掌叶片的抗氧化酶活性和脯氨酸含量，降低膜脂过氧化反应，减少细胞的伤害程度，从而诱导了红掌植株的抗旱性。

4）不同外源物质处理对红掌抗寒性的影响　在田丹青、葛亚英等人的实验中，对红掌植株分别喷施氯化钙、台湾抗寒剂、茉莉酸甲酯（MJ）、水杨酸和油菜素内酯（BR）等 6 种外源物质，以清水为对照，置于 6 ℃的低温下处理 2 天后，测定叶片相对电导率、丙二醛含量及过氧化氢酶、过氧化物酶和超氧化物歧化酶活性并调查冷害指数。

结果表明相对电导率各处理均明显低于对照，油菜素内酯处理最低，MDA 含量除了 MJ 处理略高于对照外，其余均低于对照，除了氯化钙处理明显较低外，其余各处理与对照差异不明显；CAT 活性除了 CaCl₂ 处理低于对照其余均高于对照，但差异不明显；POD 活性各处理均低于对照，尤以台湾抗寒剂处理明显低于其他各处理；SOD 活性各处理与对照差异不明显；冷害指数花喜欢、台湾抗寒剂和 SA 处理明显低于对照，CaCl₂ 和 MJ 处理明显高于对照，综合各指标和冷害表现来看，台湾抗寒剂、花喜欢、SA 和 BR 处理表现较好，提高了红掌的抗寒能力。

红掌属于热带花卉，可忍受的低温为 14 ℃，为保持最低夜温在 14 ℃以上，在我国大部分地区冬春季种植需要加温。但加温费用很高，如何降低加温成本是生产企业面临的难题。利用筛选出来的比较有效的 4 种抗寒剂进行了较低夜温下的生长试验，结果表明，台湾抗寒剂、BR 和花喜欢 3 个抗寒剂处理的长势稍好。

（2）输送过程中的冷害预防　冷害症状表现为茎、叶和花上出现同心棕色圆环或斑点。气温低于 12 ℃时容易发生。植株自生长区运送到销售区，叶面可能产生橘红色斑点，这通常是由于冷害造成的细胞死亡。其他的环境应力或过强光线也会造成这种结

果。因此在种植和运送红掌的过程中,要注意如下几方面:

1)种植前的准备

检查温室、各种辅助设备以及计算机、灌溉系统等是否正常。在种苗栽种前1周进行温室消毒,拔除杂草,彻底清洁温室和各种工具。花泥需要静置5天以上释放有毒气体种植前,最好用营养液浸泡,否则定植后再施营养液很难吸收。排水后检查花泥的 EC 和 pH,同时可加入石灰调节花泥的 pH,pH 在 5.2~6.0,EC 控制在 1.0 毫西/厘米以下。

2)种植过程中的注意事项

一般红掌可周年种植,但要避免极热或极冷的季节,在气候比较温和的季节栽种。在华北地区(以北京为例)每年的 3 月、4 月和 9 月、10 月是最佳的种植时期。此时温度、光照最适宜种植幼苗。植株的种植距离根据种植的品种和气候条件的不同而不同,通常为每平方米 12~14 株,种前用 600 倍液的普力克进行蘸根,防止根部病害,同时又能刺激根的生长。种植过程中要注意避免工具和人为的交叉感染。红掌切花种植后,前 20~30 天不要使用营养液灌溉,每天采用人工喷水或是用喷雾系统喷雾保持花泥表面微湿和植株叶片湿润。用 600 倍液的普力克每周灌根 1 次,连续 3 次。白天温度控制在 20~25℃,晚上 20℃左右。光照在 5 000 勒以下。相对湿度 70%~80%。水肥、光照、水分方面详见花苞掉落部分。

3)运送过程中的注意事项

红掌鲜切花花朵在包装时需套袋保护,包装完成后将花卉插入含 50 毫克/升次氯酸钠保鲜液的套管内,并按红掌切花的品种、品质、花径大小、花茎长度等分类装于箱中。花面重叠勿超过 1/3,花头朝一边整齐排放为佳,花茎中间用胶带固定于箱面,可在包装箱内放置插入物以阻止切花移动,避免苞片发生压折伤。采后 12 小时以内,运输之前应在室温下用每升 170 毫克的硝酸银溶液吸水处理 10 分。切花用商用水果涂蜡处理可延长采后寿命 1 倍。切花运到目的地后,茎端应再剪切。萎蔫的切花可浮于 20~25℃水中 1~2 小时,以恢复新鲜。

①包装 包装可以防止冷害和运输过程中的振动带来的损伤,还可识别质量和产地。包装应注明产品信息如注意事项和用途等,并做好产品介绍以吸引客户刺激销售。按等级进行包装。不同的等级每盒包装不同数量的花朵。同一盒装同一个品种或颜色。用聚乙烯袋包在花的外面;在花茎下端套装有 10~20 毫升新鲜水的小塑料瓶;在花的下面铺设聚苯乙烯泡沫片;包装箱四周垫上潮湿的碎纸;用塑料胶带将花茎固定在包装盒中。如果运输距离比较近,也可直接将包好的花置于盒中。还可 5~10 枝扎成一束并用绿叶陪衬,整束销售。

②储藏 红掌的最适储藏温度为 18~20℃,低于 15℃容易发生冷害,高于 23℃瓶插寿命明显缩短。包装加工区需要空调来保障适合的温度。水中的细菌含量高,用作瓶插前必须采取预防措施。使用保鲜剂,可以灭菌,还能为花卉提供营养,延长瓶插寿命。红

掌对乙烯有忍耐力,本身很少产生,不用乙烯阻断剂或保护剂。

(二)侵染性病害及其防治

　　红掌是一种病害较少的植物,然而一旦感染病害就很难治愈,甚至有些病害会给红掌带来毁灭性灾难,使种植者蒙受巨大的经济损失,因此病害防治是种植红掌的重中之重。红掌主要的侵染性病害有细菌病害和真菌病害。

1.细菌病害

(1)细菌性枯萎病(图6-1)

图6-1　红掌细菌性枯萎病

　　1)症状识别　　主要危害茎基部,先是外围老叶叶脉间不均匀地发黄,切断受害部位,维管束变褐,断面有菌液溢出,有污臭味。2～4天后,幼嫩叶片萎蔫,植株迅速死亡。主要出现在叶片和花朵上,叶或花有棕色小点,点的边上呈黄色,受感染的叶片呈现水浸状小点。由于细菌性枯萎病具有传染性,侵害花或叶片后,很快便感染叶柄及植株基部而使全株死亡。该病是由黛粉黄单胞杆菌引起的,细菌杆状,大小为(0.7～1.8)微米×(0.4～0.7)微米。革兰阴性,好气,具单极生鞭毛,善游,单生为主,适宜生长温度25～30℃。该细菌有2种侵染方式。第一种侵染类型开始于叶子上,称为叶部侵染。叶部侵染通常开始于叶缘及叶片下部气孔较多的地方。初期,在叶背面可见水浸状斑点,后期,叶缘出现褐斑,且边缘有黄色晕环。第二种侵染类型开始于茎上,通过维管束系统迅速传遍整个植株,称为系统侵染(或称维管束侵染)。系统侵染可以通过变黄的叶子被发现,在细菌侵染初期新叶叶色暗淡。维管束内由于细菌的填堵,阻碍了体内水分流动与营养向叶片运输,使叶色暗淡,叶片发黄。在较短的时间内,该类型的侵染就能导致花梗和叶片从植株上脱落,生长点迅速腐烂,并有菌脓涌出。有时,当汁液携带细菌流向叶子时,叶部会出现水浸状斑点,类似于叶部侵染,不同的是这种情况下水浸状斑点多出现在叶子中间的主脉附近。系统侵染是无法挽救的。

2)传播及侵染途径 该病原菌可通过茎、叶上的伤口,或者通过植株上气孔、叶缘吐水孔强制侵入,借助水滴下落或结露、叶片吐水、农事操作、雨水、气流传播蔓延。水分是病菌传播和侵入的主要媒介。侵入叶片表面需要 20 分以上,主要侵染发育阶段较幼嫩的组织。在大棚种植时病害除了经由病株的接触或植株表面带菌水滴落植株表面的传播外,工作人员受污染的双手、衣服、采花切叶的工具、飞溅的雨水、污染的灌溉水、带菌的介质以及带病菌的鞋子、车轮等都是传播的介质。

3)病害特点

①环境影响 适宜发病温度为 24 ~ 28 ℃,相对湿度 70% 以上均可促使细菌性病害流行。昼夜温差大、露水多,高温和多雨季节为病害盛发期,以及阴雨天气时损伤叶片、枝干伤口、气候发生急剧变化均是病害大发生的重要因素。温室栽培过密、生长迅速时易病重,温暖湿润时病重。

②潜伏时间 在潮湿的土壤中病菌能存活 3 个月。

③营养元素影响 高氮、高磷和低钙有利于发病,高钾、低磷、高钙症状受到抑制。

4)防治措施 细菌性枯萎病是红掌的毁灭性病害,没有有效的药物,主要以预防为主。

①加强预防,防止病菌进入园区

a. 要求种植清洁无病菌的组培健康种苗。在选择引进国内外的红掌种苗时,一定要选择有卫生检疫证明的正规种苗生产商生产的健康种苗。

b. 生产区门口放置消毒池,每天添加消毒液,进出温室的人员都必须对鞋子进行消毒。进入温室的人员必须穿定期消毒过的白大褂,并定期更换和消毒。尽量减少生产区人员的更换与流动。

c. 减少生产区内作业工具的流动,防止病区工具带进园区。采花切叶刀具分区使用,做到定期消毒。

d. 避免随意从外界将该病害的寄主植物(如天南星科的植物)带入红掌生产区。

②全面综合防治,防止病菌在区内传播蔓延 如果病害已经在园区内发生,防止病菌在园区内传播,要做好以下几方面的工作:

a. 加强生产区的卫生措施,前面所提到的卫生措施仍是十分重要的。

b. 定时排查,尽早去除被感染的叶片(叶部侵染的),装入密闭的塑料袋中带出园区销毁。或整株拔除(系统侵染的),临近的植株及基质也要去除。所有操作都必须是先进清洁区后进污染区或固定作业区。出入温室,必须用消毒液洗手。

c.为防止病害通过切花、切叶在植株间传播,刀具应在每次使用后消毒,即每次使用每次消毒。最好至少使用两把以上的刀子,这样当使用一个的时候,另一个可放进消毒液中进行消毒。

d.潮湿有利于细菌的传播,尽可能利用恰当的环境条件使植株保持干燥,尽可能杜绝植株的吐水现象。

e.施肥上应尽可能降低其中的铵态氮和硝态氮水平,去除原有肥料配方中的铵态氮,钾元素保持原来要求的水平。

f.生长弱的植株更容易被细菌侵染,因此应当尽量避免不良的环境条件及偏高的温度,细菌繁殖理想的温度在 30 ℃左右,较高的温度下细菌性病害发展速度更快。

g.合理使用农药。在上述防治方法的同时,要配合科学合理地施用农药。可 72% 硫酸链霉素 4 000 倍液、新植霉素 5 000 倍液、10% 溃枯宁可湿性粉剂 1 000 ~ 1 300 倍液、20% 噻枯唑可湿性粉剂 1 000 ~ 1 200 倍液轮换使用,防止病原菌产生抗性,每周喷 1 次。由于铜制剂对红掌植株有毒害作用,铜制剂农药要慎重选择使用。另外,微生物药剂如"天赞好""康地雷得"等活体芽孢制剂,对该类病害也有很好的预防作用。

h.红掌栽培地避免有该病的寄主植物,如:天南星科植物。

(2)细菌性叶斑病(图6-2)

图 6-2　红掌细菌性叶斑病

1)症状识别　该细菌有两种侵染方式。第一种侵染类型开始于叶子上,称为叶部侵染。叶部侵染通常开始于叶缘及叶片下部气孔较多的地方。初期,在叶背面可见水浸状斑点,后期,叶缘出现褐斑,且边缘有黄色晕环。第二种侵染类型开始于茎上,通过维管束系统迅速传遍整个植株,称为系统侵染(或称维管束侵染)。系统侵染可以通过变黄的叶子被发现,在细菌侵染初期新叶叶色暗淡。维管束内由于细菌的填堵,阻碍了体内水分流动与营养向叶片运输,使叶色暗淡,叶片发黄。在较短的时间内,该类型的侵染就能导致花梗和叶片从植株上脱落,生长点迅速腐烂,并有菌脓涌出。有时,当汁液携带细菌流向叶子时,叶部会出现水浸状斑点,类似于叶部侵染,不同的是这种情况下水浸状斑点多出现在叶子中间的主脉附近。系统侵染是无法挽救的。

2)传播及侵染途径　潮湿有利于细菌的传播,尽可能利用恰当的环境条件使植株保持干燥,尽可能杜绝植株的吐水现象。

3)防治措施　施肥上应尽可能降低其中的铵态氮和硝态氮水平,去除原有肥料配方中的铵态氮,钾元素保持原来要求的水平。生长弱的植株更容易被细菌侵染,因此应当尽量避免不良的环境条件及偏高的温度,细菌繁殖理想的温度在30℃左右,较高的温度下细菌性病害发展速度更快。加强生产区的卫生措施,定时排查,对感染植株的处理办法可比照细菌性枯萎病。施肥上应尽可能降低其中的铵态氮和硝态氮水平,去除原有肥料配方中的铵态氮,钾元素保持原来要求的水平。生长弱的植株更容易被细菌侵染,因此应当尽量避免不良的环境条件及偏高的温度,细菌繁殖理想的温度在30℃左右,较高的温度下细菌性病害发展速度更快。

合理使用农药。用药量参见细菌性枯萎病。

(3)**细菌性叶疫病**(图6-3)　细菌性叶疫病是由假单胞菌科的黄单胞杆菌属和假单胞菌属等细菌引起的一种病害。该病害侵染红掌叶片、叶柄、佛焰苞片和肉穗花序。

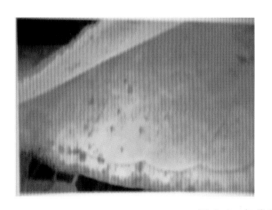

图6-3　红掌细菌性叶疫病

1)症状识别　发病初期,叶片上出现水浸状病斑。在老叶上,病斑多发生在叶缘上,呈小点状;在嫩叶上,叶脉间出现病斑,呈块状,边缘清晰。

2)病害特点　初期在叶尖、叶缘出现水渍状小斑,病斑逐渐扩大,多呈棕色,病健交界处呈黄色。在空气湿度大或连续降水时,随着病害的进一步发展,病斑愈合成不规则形坏死大斑,褐色,具黄色边缘,受害叶片变黄枯萎,并可造成系统性侵染,致使病株死亡。系统性侵染表现为老叶变黄,叶柄折断后可见维管束已变成褐色或棕褐色。该病在西双版纳发生较严重,发病率高达100%,死亡率达20%,重病区的死亡率会达到80%。

3)防治措施

a.在栽培措施上,应该加强养护管理,及时拔除病残株,集中烧毁,铲除菌源,减少发病。

b.药剂防治可以用10%土霉素100倍液田间防效达71.1%,每7~10天喷施1次,共喷施3次。

c.红掌细菌性叶疫病的传播发展速度在很大程度上与降水有关,降水日多、降水多则病害传播快,病情重,施药亦难达到有效控制病情;降水少的时期病害传播和发展慢,施药效果好。

d.在现有网棚栽培的条件下,加设防止雨水直接淋溅花苗的设施,将会是防治红掌细菌性叶疫病的重要措施。在此条件下,再结合清除病株残体、采花时工具消毒、园地卫生清洁、合理施用肥料等管理措施,药剂防治将会发挥更大的效果,最终实现有效控制和消除细菌性叶疫病的目的。

(4)**细菌性腐烂病** 红掌的细菌性腐烂病主要危害茎基部和根部。在园地排水不良的情况下易发生此病,病害多发生在雨季。

1)症状识别 病害初期,茎基部受害部位出现水浸状病斑,叶片变黄。起初,自茎基开始,慢慢沿主脉上升,特别是在幼株上发病比较严重。受害严重时,茎、根出现水浸状腐烂,植株枯萎死亡。

2)防治措施 发现病株后,用农用硫酸链霉素可溶性粉剂208.3~416.7克,加水1 125~1 500升,进行喷雾。发病初期,可以使用75%百菌清可湿性粉剂600~1 000倍液,或者用20%龙克菌悬浮剂700~800倍液,喷洒茎基部或浇灌根部。

2.真菌病害

(1)**根腐病**(图6-4)

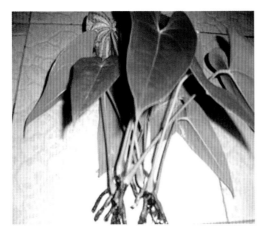

图6-4 红掌根腐病

1)症状识别 该病为真菌病害。病症病菌侵染的植株,初期营养根先出现腐烂,茎叶部分生长不良,叶片失去光泽,边缘通常会变黄且表现为下垂状,而根则呈褐色。潮湿条件下,病斑表面出现白色霉层。病发生在根部,但症状先表现在地上部枯萎死亡。挖出根部,可看到营养根变为褐色腐烂,严重时全部烂掉,并蔓延到大侧根及根颈部。

2)传播及侵染途径　　根腐病是盆栽红掌生产中危害性最大的真菌病害。根腐病由两种病原菌引起,一种是腐霉属真菌;一种是疫霉属真菌。疫霉属鞭毛菌亚门卵菌纲霜霉目疫霉属。疫霉属绝大多数种具有寄生性,寄主范围广,可以侵染植物的根、茎、叶和果实,引起组织腐烂和死亡。病菌在病残体、病土内越冬,该菌产生厚垣孢子。孢子由水流或水滴滴溅传播。植株生长不良是诱发该病的重要因素。浇水过多或不足,或缺肥等因素都会引起生长不良。腐霉属真菌大都腐生在土壤或水中,有的能寄生植物,引起幼苗猝倒以及根茎果实的腐烂等。生长后期能重新侵染主茎的维管束。把带有病斑的根洗净进行表面消毒,保温后长出白色霉层。健康离体根接种,温度 20 ~ 25 ℃,10 天左右引起根发病。

3)病害特点　　土壤过湿或过干而温度偏低时,次生真菌会引起根部腐烂,叶边变黄下垂,根外部呈现棕色,心部正常。疫霉菌引起的根腐可使茎部和叶片受害,使根和茎部变成棕色。

4)防治措施

a. 采用预防性的栽培措施可以防止病虫害发生和蔓延。栽培前使用无病菌的基质,所用的基质必须经过高温灭菌消毒;清除种植床及其周边地区的杂草;温室内尽量保持单一种类的花卉,避免种类混合,互传病虫害;尽量限制参观人员的出入,进入温室前参观人员要用肥皂或 75% 酒精洗手,必须穿上消毒外衣和消毒鞋套,最好在温室门前放置消毒盒(消毒液可用福尔马林或高锰酸钾配制),用于消毒参观人员的鞋底;在温室放风口处安装防虫网,经常检查温室的卫生状况,保持干净清洁;温室内所用的器具必须经常消毒,接触过病株后必须洗手;操作时,应从无病区向有病区进行;尽可能保持植株干燥,减少病菌通过水流传播的机会;清除病株,并将其放入塑料袋中,投进封闭垃圾箱中;在日光温室中要注意防止塑料棚膜结露水,应及时去除,避免落在花叶和盆内;长时间 14℃以下的低温会引起根部冻害的发生,也会引起根腐病病原菌的滋生,应尽量避免;预防根结线虫的发生,因为根结线虫在很短的时间内就会造成根部维管束堵塞。一般被线虫危害的植株很容易受到真菌的侵染,造成根部腐烂。

b. 化学试剂防治用 72.2% 普力克水剂 500 倍液灌根,间隔 1 周,连续 3 次;在发病初期使用 64% 杀毒矾可湿性粉剂 500 倍液灌根,间隔 10 天施用 1 次,连续 2 ~ 3 次;在植株周围吸收根最多处浇灌如下药剂(100 ~ 200 毫升/米^2):Fongarid(进口药无中文名)对幼株用 100 克/100 升水,老株用 150 克/100 升水浇灌;或 Parate(进口药无中文名)对幼株用 10 克/100 升水、老株用 50 克/100 升水浇灌;或 25% 瑞毒霉可湿性粉剂,对幼株用 150 克/100 升水、老株用 200 克/100 升水浇灌;或 45% 代森铵水剂 250 克/100 升水浇灌。

（2）**真菌性斑点病** 红掌真菌性斑点病又称炭疽病，由胶孢炭疽菌引起，为真菌半知菌亚门，黑盘孢菌类，危害嫩枝及叶片。分生孢子为椭圆筒形，无色，单胞，内常有 1～2 个球，菌丝无隔。

1）症状识别 红掌在潮湿环境下，斑点病菌的菌丝或分生孢子在叶片上造成无数黑色斑点；干旱时，叶缘出现浅褐色斑点，类似被农药或肥料灼伤的症状，叶鞘也会出现同样的斑点；被害花序基部小花上出现无数褐色小斑点；发病时阻碍叶片的光合作用，造成生长缓慢，叶片缩小，叶色暗淡，严重影响叶片；叶片在潮湿情况下会出现许多黑点，在干燥情况下有许多淡棕色斑点出现在叶片边上。这些斑点很像化学药品烧焦了一样，同样现象也可以在叶尖上见到，肉穗花序基部的小花也有数不清的棕色小点。要注意识别这类小斑点，不要与强光照射引起的小斑点症状混淆。

2）病害特点 病菌在病残体或病株内越冬，由风雨及水滴滴溅传播。由伤口、气孔侵入，潜育期 10～20 天，有潜伏侵染的特性。多雨、空气相对湿度高易发病，发病的温度范围广，15～30 ℃、梅雨季节或秋季多雨、暴风雨发生、盆中积水、株丛过大、分盆不及时等易发病；调运途中湿度大、低温、伤口多、植株生长势差均加重发病；野蛞蝓危害重促进病害发生。

3）防治措施 种子、培养土或栽培苗、栽培器材和用具等用熏蒸法或高锰酸钾溶液消毒。移栽到盆内前，对用作底肥的农家肥料要彻底腐熟。在室内盆栽时，注意盆内不要过湿，加强通风透光，经常搬至阳台或有光照的地方去晒。尽可能减少操作过程中的机械损伤，及时清除病叶、病株。发病初期可用 70% 甲基硫菌灵 1 000 倍液或 75% 百菌清 800 倍液或 25% 施保克 2 000 倍液或 60% 百泰 2 500 倍液或 25% 丙环唑 2 000 倍液防治。视发病危害程度，每隔 1～2 周轮换喷施下列药剂：50% 苯菌灵可湿性粉剂、50% 多菌灵可湿性粉剂 600～1 000 倍液，或 80% 代森锌可湿性粉剂 500～800 倍液，对叶面喷雾。

（3）**灰霉病**（图 6-5） 红掌灰霉病为真菌病害，由灰葡萄孢引起。

图 6-5 红掌灰霉病

1)症状识别　在潮湿和通风不良环境下,受到此病原菌的浸染,常引起幼苗猝倒,湿度大时会长出灰霉;发病初期出现水渍状病斑,逐渐扩大变为黑色;成株期的植株染病后,病部变褐腐烂,在空气相对湿度高的生长环境中受害部表面会布满灰色霉层,易导致没有完全发育的芽和佛焰苞片变褐坏死。染病植株在叶片和佛焰苞片上会出现水渍状病斑,随着病斑的不断扩大叶片颜色变黑,在病斑上产生灰黑色的小孢子体;病菌容易侵染有露水的嫩叶和佛焰苞片,使其产生褐色的病斑。空气湿度大时,感病植株的叶片和佛焰苞片生长缓慢,常引起叶柄和花梗脱落。主要发生在叶片和佛焰苞片上,使其不能正常生长,引起叶柄脱落。

2)病害特点　该病发生与温湿度条件密切相关,当气温在 20 ~ 25 ℃,相对湿度在90%以上时易发病;长途贩运中管理不当、伤口多、通风不良也易发病;败残花多、伤口多、植株摆放过密等都有利于病害发生;植株长势差易发生该病。一般而言,该病在秋冬或早春供暖前或撤暖后易流行。

3)防治措施

①栽培技术防治　及时清除发病部位,剪除后放入塑料袋内;如病部已有霉状物,病部套袋后再剪除;秋冬、早春应把室内的温度和湿度控制好,相对湿度控制在80%左右,尤其是连阴天后晴天必须及时除湿。加强调运的管理工作;及时清除败谢的花和衰老的叶片,减少病菌滋生的机会。

②药物防治　组培苗移栽后立即喷60%防霉宝 2 号水溶性粉剂 700 ~ 800 倍液。在栽培中观察温室温湿度,结合天气预报在花前喷药预防,喷洒 50% 扑海因可湿性粉剂 1 500 倍液或高脂膜;花期最好不喷药,用控温、控湿来防治。花前花后防治常用药剂有 36% 甲基硫菌灵悬浮剂 500 ~ 600 倍液、65% 甲霉灵可湿性粉剂 1 000 ~ 1 500 倍液、50% 灭霉灵可湿性粉剂 900 倍液、50% 扑海因可湿性粉剂 1 500 倍液、50% 速克灵可湿性粉剂 1 500 倍液、65% 硫菌·霉威可湿性粉剂 1 000 倍液。

(4)**筒状菌缩变病**

1)病害特点　叶子变干、脱色变黄至枯萎,植株基部变棕色,有时收缩,真菌自茎的基部侵入直到根部。

2)防治措施　50% 苯菌灵可湿性粉剂 3 000 克/公顷,或70% 甲基硫菌灵可湿性粉剂 3 000 克/公顷;或50% 多菌灵可湿性粉剂 3 000 克/公顷,对水 750 ~ 900 升/公顷喷施。

(5)**筒状菌病**

1)病害特点　这种真菌危害根部及茎基,呈暗棕色至黑色,有凹入的斑点生在茎的基部。

2)防治措施　与筒状菌缩变病防治方法相同。

(6)**镰孢霉菌病**

1)病害特点　植物基部烂掉,镰孢霉菌是一种次生菌,只在生长条件不良的情况下危害,并在主要茎干的维管束中再度出现。

2)防治措施　与筒状菌缩变病防治方法相同。

(7) **真菌性叶斑病**

1)病害特点　叶斑点棕色、中间枯死,四周围绕环状黄色组织。

2)防治措施　每隔1～2周轮换喷施下列药剂,83%克菌丹可湿性水剂2 250～3 000克/公顷;50%百菌清可湿性水剂3 000克/公顷,或70%代森锌可湿性水剂4 500克/公顷,对水750～900升/公顷喷施,连喷3～4次。

3.病毒性病害(图6-6)

图6-6　红掌病毒病

(1) **病害特点**　病毒病为观赏植物中最为严重的一类毁灭性病害,被感染的病株常常死亡。该病为病毒病,由芋花叶病毒引起。病毒在病株体内越冬,由汁液和蚜虫传播。从病株上采外植体组培育苗、传毒害虫虫口密度大、栽植密度大、枝叶相互摩擦、操作中的工具和手不消毒均有利于病害发生。高温、多雨、多虫有利于病害的发生,病菌可以反复侵染,主要靠害虫和风雨传播。病毒的来源一般是蓟马等带来的,最早是蓟马在幼虫阶段感染了病毒,以后就将病毒传染给红掌。

(2) **症状识别**　主要症状是叶片上产生黑色或青铜色干枯的斑点,斑点边缘有一圈黄色环纹,有的形成花叶和耳突。病叶上出现浅绿、深绿相间的花叶症,叶片变小,发育不对称,叶面皱缩或叶缘内卷;植株矮化明显,花小,花少,或不开花;花期短或肉穗状花序不开放即干枯;叶背主叶脉明显突起,呈耳突状;叶扭曲变形;花上产生紫色斑,或皱缩畸形。

(3)防治措施

1)栽培技术防病。病毒病很难治,主要防治携带病毒的蓟马、蚜虫等害虫;注意清洁卫生,发现病植株及时拔除烧毁;选用无毒健壮种苗,生长季节喷2次植病灵等药剂以提高植株抗病毒能力。生长不正常的植株应及时拔除并消毒;栽植密度适宜,避免叶之间相互接触传染。

2)防治传毒蚜虫。常用药有2.5%敌杀死乳油2 000倍液、40%菊马乳油4 000倍液等,用黄板诱杀。对初发病株可试用5%菌毒清水剂200～300倍液喷雾1次,1.5%植病灵乳剂800～1 200倍液喷雾2～3次。在蓟马、蚜虫发生初期,及时喷施50%氧乐果乳剂1 000倍液等杀虫剂。

(三)常见虫害及其防治

1.蜗牛与蛞蝓

(1)形态特征 蜗牛(图6-7)和蛞蝓(图6-8)同属腹足纲陆生软体动物,二者在生物学分类中亲缘关系较近。蜗牛并不是生物学上一个分类的名称,一般讲的蜗牛是指大蜗牛科的种类,有一个低圆锥形的壳,生产上主要危害种类有灰巴蜗牛和同型巴蜗牛等。蛞蝓多属蛞蝓科,俗名鼻涕虫、土蜗,外表看起来像没壳的蜗牛,软件组织结构与蜗牛相近。蜗牛和蛞蝓都喜阴暗、潮湿、多腐殖质的环境,昼伏夜出,白天隐藏于花盆、枯枝落叶下或植物根隙土壤中,气温在15～25 ℃的阴雨天时活动频繁。怕光、怕热,最怕阳光直射,尤其是当气温达到35 ℃以上时,蛞蝓即潜入根部土下,在强烈阳光下2～3小时即可被晒死。蜗牛和蛞蝓取食范围非常广泛,一夜之间可将红掌的新芽嫩叶等啃食殆尽。

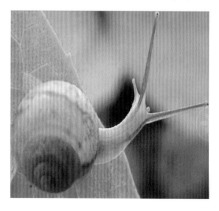

图6-7 蜗牛

图6-8 蛞蝓

（2）**危害特点**

1）直接危害

①啃食幼嫩根系　新长出来的根系都被蜗牛或蛞蝓啃食,不仅影响红掌植株生长,而且将严重影响整个植株的稳定性,使植株风吹摇晃而倾倒。

②啃食幼嫩新芽　幼嫩新芽遭其啃食后,该芽体的生长点若没被破坏,该芽会继续长大,但叶片因为缺损而影响光合作用量,从而影响假鳞茎肥大;若芽体的生长点被啃食而遭破坏,芽体萎缩,另一个新芽体继而产生,时间将延迟约 30 天。

③啃食幼嫩花枝　花枝抽出至第 1 朵花开放期间,如遭遇蜗牛或蛞蝓啃食几乎都是拦腰啃断。

④啃食花朵　蜗牛或蛞蝓有向上爬行的习性,傍晚到翌日清晨日出前是其活动最旺盛的时段,白天潜藏于介质中,到了夜晚便向上爬行直至花朵处加以啃食。下雨天的夜晚,常见四五只蜗牛聚集一枝花上争相啃食花瓣及花蕾,若有连续 2 朵花瓣被啃食过,则该枝花即被淘汰或列为次品。

2）间接危害

①分泌物污染　蜗牛或蛞蝓爬过的地方,通常皆留有光亮而透明的黏液痕迹沾于叶片,影响红掌的光合作用,沾于花梗或花朵上将降低切花品质。

②诱发细菌性软腐病和细菌性叶斑病　植株任何部位如被蜗牛或蛞蝓啃食造成伤口存在,借着雨水及喷灌水将加速细菌病害蔓延,大量发生。

（3）**防治措施**

1）加强温室管理　增光控水要在不影响温度的情况下,通过合理安排温室草帘(保温被)、遮阳网的开放时间,采用滴灌等先进浇水方式,如需要地面浇水时,要尽量拉长间隔时间,最大程度增加温室光照、降低湿度、促进通风换气,创造既不利于包括蜗牛、蛞蝓在内的病虫害的发生,又有利于花卉植株生长的环境。

2）清洁温室环境卫生　及时清除温室内外、营养钵内及地表的杂草、植物残体,田间管理中去掉的枯黄老叶等废弃物要远离温室,减少温室蜗牛、蛞蝓的食物来源,避免创造适生环境。

3）人工捕捉　在盆花种苗倒栽、上盆、分盆、出圃时,如发现有蜗牛危害,可在受害植株或其附近的植株上、土表或盆下人工捕捉,需要注意的是,捕捉的蜗牛、蛞蝓一定要杀死,且不要扔在附近,避免其体内的卵在母体死亡后仍可孵化。

4）药剂防治　在 4～5 月蜗牛和蛞蝓繁殖高峰期之前,于雨后或湿度较大的夜晚,采用四聚乙醛(有效成分 50%)可湿性粉剂 600～800 倍液喷雾或施灭蜗灵颗粒剂于根际周围基质,也可选择艳阳天气,用茶籽饼 1～1.5 千克加水 100 千克,浸泡 24 小时后,取其滤液浇灌,使其从基质中爬出,然后用 50% 四聚乙醛 600～800 倍液或 90% 万灵可湿性粉剂 2 500 倍液喷雾触杀。

2.螨类

(1) **形态特征**　螨类隶属于节肢动物门蛛形纲蜱螨亚纲。螨类是在形态结构、生活习性以及栖息场所等方面高度多样化的一类体型微小的节肢动物,其分布广泛,繁殖快,而且能孤雌生殖,生活方式多样,对环境适应能力强,在各种环境中都可生存。螨类的食性复杂,有植食性和捕食性的农林螨类,寄生性和吸血性的医牧螨类,腐食性、粪食性及菌食性的环境螨类,是危害多种农作物的重要害虫之一。在我国主要分布于华南地区、华中地区、东北及华北地区。

1) 红蜘蛛类

①**危害特点**　红蜘蛛(图6-9)危害时主要在叶片背面取食,通过口器刺穿细胞,吸取汁液,受害叶片先从近叶柄的主脉两侧出现苍白色斑点,随着危害的加重,可使叶片变成灰白色及至暗褐色,从而抑制叶片光合作用的正常进行,严重时致叶片焦枯、提早脱落。红蜘蛛多出现在红掌老叶上,严重危害时引起植株黄化褪色。若在花穗、苞片上危害可见棕色小点状,若发育到极严重阶段可见植株上有红蜘蛛的网。

图6-9　红蜘蛛

②**防治措施**　由于红蜘蛛虫体极小,0.3～0.5毫米,危害隐蔽,田间发现时往往虫口密度已经相当高,加之红蜘蛛虫量较大时会有结网现象,给防治增加难度,因此在防治时一定要多管齐下,同时要注意安全用药,确保产品质量安全。

a.加强栽培管理,科学管理,培育壮苗,提高植株抵抗力。一方面要注意平衡施肥,适当增加磷、钾用量,使植株通风透光良好,提高植株抵抗力;另一方面要做到及时浇水,避免干旱,创造不利于红蜘蛛发生、危害的环境。红蜘蛛在高温条件下繁殖速率明显加快,因此,尽量使温度保持在18～28 ℃,避免高温情况发生。要做到早发现、早处理。在日常管理中,要注意勤观察、早发现,红蜘蛛多以植株下部老叶栖息密度大,可结合日常农事操作管理,在零星发生时及时摘除老叶、病虫残叶,带到棚室外妥善处理,减少虫源,避免日后造成更大危害。

b.化学防治。可选用99%矿物油150～200倍液,或73%炔螨特乳油3 000倍液,或24%螺螨酯水悬浮剂4 000～6 000倍液,或43%联苯肼酯悬浮剂3 000倍液等进行喷雾防治,注意轮换用药,避免产生抗药性。防治时要做到"发现一株打一圈、发现一点打一片",确保叶片正反面都要喷到。同时切记田间施药后要严格执行农药安全间隔期,确保产品质量安全。红蜘蛛潜伏在叶片背面,喷施药剂时从叶片背部往上喷,效果会更好。

c.生物防治。胡瓜钝绥螨作为一种优良天敌被发现以来已成为国际上各天敌公司的主要产品。国外主要用于温室花卉、蔬菜上控制蓟马、跗线螨的危害。1996年,福建省农业科学院张艳璇博士通过国家引智项目引进胡瓜钝绥螨。1997年,成功地研究出适合我国国情、具有自主知识产权的胡瓜钝绥螨人工饲养方法及工艺流程,并因此获得国家发明专利,解决了产品包装、冷藏、运输等技术难题,同时发展并完善了一套以应用胡瓜钝绥螨为主的"以螨治螨"生物防治技术。

2)小螨虫类

①危害特点　主要表现为叶与花变色(褪色),组织块状化与变形,这些螨虫肉眼不可见。

②防治措施　普遍的杀螨剂有氧乐果、除螨灵与开乐散(三氯杀螨醇)。

3)细须螨类(图6-10)　分布广,是危害红掌的重要螨虫。生活史包括卵、幼虫、若虫、成虫。卵椭圆形,鲜红,通常着生在叶片两面。幼虫长约0.13毫米,鲜红色,6条腿。若虫较幼虫长,有8条腿。成虫红色,体长大约0.25毫米。从卵到成虫的发育期约29天。其他寄主包括黄蝉花、杜鹃花、美人蕉、菊花、咖啡、柑橘、雏菊、番石榴、木槿、杧果、兰花、番木瓜和西番莲。

图6-10　细须螨类

①危害特点　植株受害后,在花梗和佛焰苞接合点,低层叶和花的表面变成青铜色。

②防治措施　交替使用2~3种杀螨剂,每隔14天直接喷洒在叶和花背面。

3.蓟马

(1)形态特征　蓟马(图6-11)是一种靠植物汁液维生的昆虫,在动物分类学中属于昆虫纲缨翅目。幼虫呈白色、黄色或橘色,成虫则呈棕色或黑色。进食时会造成叶子与花朵的损伤。蓟马成虫体长约1毫米,金黄色,卵长0.2毫米,长椭圆形,淡黄色。肉眼可见叶背面成虫、若虫。成虫多在叶脉间吸取汁液,因其较小不易看到,常常被忽视。常见者为烟草蓟、温室蓟马、棕榈蓟马、东方花卉蓟马和西方花卉蓟马。蓟马传播烟草花斑病毒和凤仙枯斑病毒等。

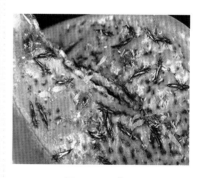

图6-11　蓟马

(2)危害特点　要用口器刺入植株组织,吸取汁液,从而使叶片呈现棕色条斑,佛焰苞片和肉穗则变褐发黄。植株受害严重时,特别是幼苗,叶片将变得发脆或变形。

(3)防治措施

①农业防治

a.加盖防虫网,在棚室通风口和入口处可用细纱网保护,可有效隔绝外来虫源,减轻花卉蓟马的虫口数量。

b. 清洁田园。花卉收获完毕,要彻底铲除田间植株残体和杂草,尤其是花卉大棚外的茄科、十字花科等植物,及时灭除棚内外杂草,消灭过渡寄主,减少外来虫源;及时采摘受害花蕾、花朵,封闭带出棚外,集中深埋或烧毁,减少室内虫口。

c. 高温闷棚和低温深翻土壤。7~8月花卉收获后,将残株留在大棚内,密闭大棚1个月,温度可上升至60℃左右,杀灭残留蓟马,大大延迟下茬花卉上蓟马的发生;冬前深翻土壤破坏化蛹场所,减少害虫基数。

②化学防治 播前整地后用药剂全面喷雾土表,间隔3天再喷1次,杀灭土壤中残存和棚中的成虫,最大限度地降低初虫源,喷后7~10天再播种或移栽。大面积发生高峰期前,可喷洒80%敌敌畏乳油3 000倍液,或10%吡虫啉可湿性粉剂2 000倍液,或50%杀螟松乳油2 000倍液。也可用番桃叶、乌桕叶或蓖麻叶对5倍水煎煮过滤后喷洒。保护天敌昆虫,如捕食性的食蚜瘿蚊、六点蓟马等。

③物理防治 蓟马对不同颜色具有一定的趋性,可以利用不同颜色的粘虫板对蓟马进行物理防治,该方法特别适用于大棚花卉。研究表明:用蓝色的黏虫板悬于植物之间,具预测的作用,能大量诱捕成虫,减少成虫数量。

4. 蕈蚊

蕈蚊(图6-12)是一种双翅目蕈蚊科和尖眼蕈蚊科昆虫,形小,似蚊,幼虫取食真菌寄生于土壤、盆栽混合物和其他容器介质,或者来源于其他有机物的分解。它们的幼虫主要取食真菌和土壤中有机质,而且还嚼树根。这对于温室、苗圃、盆栽植物以及室内景观植物来说是一个致命的问题。

图6-12 蕈蚊

(1)形态特征 蕈蚊(扁角菌蚊科,迟眼蕈蚊属)也称为真菌蚋(眼蕈蚊科),黑色,外观类似于蚊子的小苍蝇。成虫的腿有分段触角,并且比他们的头部长。长触角使他们不同于生长在温室,依靠藻类和分解有机物为食的有短刺毛状触角的水蝇。尽管少数种类可以长达1.27厘米,但是真菌蚊蚋的成虫通常0.16~0.32厘米长。其翅膀是浅灰色、易辨别,而普通的迟眼蕈蚊属品种是"Y"形翅膀。由于真菌蚋的成虫具向光性,我们可能会首先发现这些害虫飞近室内的窗户。然而与其他有活力的物种如家蝇相比,蕈蚊飞行能力相对弱,所以在室内活动不多。蕈蚊通常靠近盆栽生存,在生长中的叶子、堆肥和湿地膜桩附近活动或休息。雌性小虫将卵产在潮湿的有机碎屑或盆栽土壤中。幼虫头部光泽呈黑色,其身体细长形,白色到近乎清晰透明,无腿。他们以有机覆盖物、霉菌、草屑、堆肥、根毛和真菌为食。如果条件特别潮湿、真菌蚋丰富,幼虫能在介质表面留下看起来像小蜗牛或蛞蝓爬行过的泥径。蕈蚊的生长经历4个阶段——卵、幼虫、蛹和成虫。这种微小的卵和椭圆形的蛹出现在潮湿的有机介质中,成虫在介质中产卵。在22℃左右,卵2天左右孵化,幼虫大约需要10天发育成蛹,大约4天后长为成虫。一代蕈蚊(从雌虫产卵到卵长大产卵)大约经历17天,这取决于温度。越温暖,它们发展越快,一年内会产生更多的后代。蕈蚊一年中有很多重生代。

(2)**危害特点**　成虫并不损害植物,它们的存在主要是增添滋扰。然而,当幼虫大量存在时,会损坏根,从而抑制植株生长,尤其对幼苗和幼株的伤害最大。当土壤潮湿并且有机物含量丰富时,很容易发现室内景观植物根明显损伤甚至是植株死亡。因此,室内植物萎蔫可能不是由于缺少水分,而是由蕈蚊幼虫造成的根损伤或者其他原因造成的不健康的根。然而,过多或过少的水、根腐菌和不适当的土壤条件(如引流不畅或涝)更为造成植物枯萎的常见原因。严重的真菌蚊蚋损伤多见于温室、苗圃和草皮农场。虽然蕈蚊幼虫也吃户外植物的根,但通常不会造成严重的损害。

(3)**防治措施**

1)水土管理

a.因为在潮湿的环境下,尤其是在有丰富的腐烂植物和真菌的环境中,蕈蚊生长很快,所以避免过度浇水并提供良好的排水是控制蕈蚊生长的有效方法。清理积水,并消除任何管道和灌溉系统泄漏的问题。

b.潮湿易分解的草屑、堆肥、有机肥料和覆盖物也是蕈蚊喜欢的繁殖地点。避免在盆栽介质中使用不完全堆肥有机物,除非先经过消毒,因为它会导致蕈蚊的出现。

c.增强盆栽的排水能力,如提高珍珠岩和沙子的混合比例。

d.最大限度地减少周围建筑物和农作物的有机碎屑,避免过量使用肥料、血粉或类似有机肥材料的肥料。

e.紧闭无缝隙的门窗可以阻止害虫的进入。

f.购买和使用经过巴氏杀菌的容器或盆栽。

g.商业种植者在使用土壤之前通常将其高压蒸汽灭菌,这样可以杀死藻类、微生物和以其为食的蕈蚊。

2)扑杀　在家中,可以使用黄色粘虫板诱捕蕈蚊。将黄色粘板切成小方块,贴于木串或棍棒上,放在盆栽中诱捕成虫。另外,在土壤中放置生马铃薯块可以吸引蕈蚊幼虫,这不仅可以检测幼虫是否存在,也可以使它们远离植物根部。定期更换新的黄色粘虫板和马铃薯块。

3)生物防治　可以购买生物控制剂来控制花盆或容器介质中的蕈蚊(表1)。这些生物控制剂包括斯氏线虫、下盾螨属捕食螨和生物农药苏云金芽孢杆菌亚种。苏云金芽孢杆菌亚种不能重复使用,也不能放在室内,所以为避免土壤受到感染,要每隔5天更换一次农药。线虫和捕食螨必须通过邮件订购,由于线虫和捕食螨具有生命活力,而且是易腐产品,所以必须现用现定。线虫可以经历几代自我复制来建立自己的群体,故其可以相对长期控制真菌蚊蚋幼虫。斯氏线虫比市售其他种类的线虫更有效。将农药苏云金芽孢杆菌亚种或线虫与水混合,对土壤进行浇灌或者使用手动泵喷雾瓶或其他喷涂设备。在户外系统中,如花园、室内的温室和暖房,利用天敌(包括掠夺性苍蝇、秽蝇属)来控制真菌蚊蚋的数量。这些苍蝇在半空中捕食真菌蚊蚋的成虫,在土壤中捕食其幼虫来繁殖后代。为保护这些捕食性苍蝇和蕈蚊的其他天敌,尽量避免使用广谱杀虫剂。这些材料对人类基本上是无毒的,并且可以结合使用。捕食性螨虫、苏云金芽孢杆菌和线虫,通过特殊的供应商邮购。苏云金芽孢杆菌也可以从较大的苗圃和园艺用品商店购买。

表6-1　市售生物农药和控制蕈蚊幼虫的天敌

种类	说明
苏云金芽孢杆菌亚种	天然存在的,通过发酵进行商业化生产。苏云金芽孢杆菌对蕈蚊幼虫的控制是暂时的,而且只对像蚊子、黑蝇和真菌蚊蚋一类的蝇幼虫有毒。如果需要长期的控制,则要反复使用该生物农药。这种苏云金芽孢杆菌农药与应用于枝叶上杀死毛毛虫的苏云金芽孢杆菌是不同的亚种。控制毛毛虫的苏云金芽孢杆菌不能有效消灭蕈蚊的幼虫
下盾螨属捕食螨	是一种生长在潮湿土壤上层的浅褐色的捕食性螨虫。捕食真菌蚊蚋的幼虫和蛹,牧草虫蛹,跳虫和其他微小的无脊椎动物。市售的螨虫通常是在摇床中培养的。在商业化的苗圃中,捕食螨的使用量大概是每个容器或平脚媒介的一半到几十个之间。捕食螨要在有大量害虫之前就使用。捕食螨对于单个的室内植物来说效果不明显,所以不适用于家庭植物的除虫
斯氏线虫	当温度在 15~32 ℃,并且环境潮湿时,斯氏线虫的杀虫效果很明显。可以将其用作浇灌土壤的材料,用传统的喷洒设备进行浇灌。线虫积极地寻找寄主来繁殖,所以在潮湿的环境中,只需最初几次应用线虫,它就可以繁殖成很大的群体从而长时间地控制害虫

4)化学防治　幼虫和蛹在有机介质和土壤中发育占了蕈蚊生命周期的大部分时间。所以控制蕈蚊的有效方法是针对这些不成熟的发育阶段,而不是直接控制生命时间较短的移动的成虫。减少蕈蚊带来的问题的关键在于物质——控制多余的水分,减少有机物。市售的和天然存在的生物控制剂也可以控制这种害虫。在商业化的工厂生产中,杀虫剂被广泛利用,但是不建议用于家庭对蕈蚊的控制。在家庭中,并不需要上述那些杀虫剂。但是如果确实需要杀虫剂来控制蕈蚊,可以考虑使用苏云金芽孢杆菌或斯氏线虫控制幼虫。如果无法获得苏云金芽孢杆菌或线虫,而害虫又很多的话,除虫菊酯或拟除虫菊酯类杀虫剂可以快速、暂时控制害虫的繁殖。喷洒喷在土壤的表面和成虫通常停留的植物表面,不要向空中喷洒或正在飞的成虫喷洒杀虫剂。使用时要注意查看说明书。除虫菊素对人和宠物来说毒性很低,是除虫菊的有效成分,从特定的菊花花朵中获得的。石油衍生物增效剂一类的产品也可以增加除虫菊的杀虫效果。拟除虫菊酯(例如,联苯菊酯,氯菊酯)是石油中与除虫菊酯类似的物质通过化学方法合成的。它的除虫效果更

好更长久,但是对一些益虫是有毒的。当对室内植物使用这些杀虫剂时,最好将盆栽移到室外,喷洒化学药物1天后,再移进室内。

5. 蝗虫类

(1)**形态特征** 蝗虫(图6-13)是蝗科直翅目昆虫,俗称"蚂蚱",种类很多,全世界有超过10 000种。分布于全世界的热带、温带的草地和沙漠地区。躯体绿色或黄褐色。特征为触角短而粗,产卵器分4瓣,跗节分3节,草食性,咀嚼式口器,后足适于弹跳,常常成群飞翔,是农业害虫。蝗虫是一种跨区、跨国家发生的生物灾害,种类很多,其中危害花卉植物的主要是短额负蝗,成虫及若虫取食叶片,将叶片吃成圆孔或缺刻。

图6-13 蝗虫

(2)**危害特点** 初龄若虫喜群集食害叶部,被害叶片呈现网状,稍后即分散取食,造成叶片缺刻和孔洞,严重时整个叶片只留下主脉。1年发生2代。以卵巢在潮湿的土壤中越冬。翌年5月下旬至6月中旬为孵化盛期,7~8月成虫羽化。一般双子叶植物茂密的地方、花丛、沟渠两边湿度较大的地方发生较多。成虫、若虫均危害叶片,将叶片吃成孔洞、缺刻,严重时叶片呈网状。

(3)**防治措施**

1)农业防治 短额负蝗发生严重地区,在秋季、春季,铲除田埂、地边5厘米以上的土及杂草,把卵块暴露在地面晒干或冻死,也可重新加厚地埂,增加盖土厚度,使孵化后的蝗虫不能出土。

2)化学防治 抓住初孵若虫在双子叶植物茂密的地方、花丛、沟渠两边防治。每667米² 选用4%敌马粉剂2千克喷粉,或20%速灭沙丁乳油3 000~3 500倍液,50%马拉硫酸乳油1 500倍液,喷雾。

3)生物防治 保护利用麻雀、青蛙、大寄生蝇等天敌进行生物防治。

6. 介壳虫类

(1)**形态特征** 介壳虫(图6-14)属同翅目,简称蚧类,有很多种,常见的有蜡蚧、盾蚧、球坚蚧、粉蚧等,大小不一,危害的植物也不一样。为刺吸汁液害虫,体多小型,雌雄形态不同,为不完全变态昆虫。雌虫无翅,足、触角退化,体呈圆形、椭圆形或半球形,上被蜡粉或坚硬蜡块,或有特殊的介壳保护,腹面有发达的口器,多固定在

图6-14 介壳虫

木本植物干、枝、叶上刺吸危害;雄虫有前翅1对,后翅退化为平衡棒,口器退化。若虫外形似雌虫,初孵时具足、触角等,能爬行,固定吸食后足和触角退化,经蜕皮多次发育为成虫。花卉常见的有盾介壳虫、软介壳虫和水蜡虫,其中软介壳虫和水蜡虫可以分泌蜜露,也是红掌的主要害虫。

(2)**危害特点** 以雌成虫和若虫在叶片、花梗基部、叶液、幼芽和嫩枝上刺吸汁液,严重时枝干、茎、叶上布满虫体,被害植株生长缓慢、不良、树势减弱;叶片生黄斑、褪绿变黄或变小、皱缩、丛生;嫩梢叶畸形,严重者大量落叶、枝叶枯死,甚至整株死亡,其排泄物易诱发煤污病。使茎、叶布满黑灰,以至无法进行光合作用,呼吸也会受阻,致使叶片黄枯,枝条干缩。橘绿棉蚧1年发生2代,多以第二代若虫在寄主嫩梢、叶片及枝干上越冬,第二代5月成虫羽化。一般夏秋季节可见各种虫类。

(3)**防治措施**

1)**农业防治** 可结合冬季修剪,取出有虫枝及枯枝败叶,集中烧毁。

2)**药剂防治** 常常在红掌的茎叶上发现,是一种具有圆形棕色外壳的害虫,可用杀虫剂对植株进行喷施,但是用药一定要均匀。40%速介克乳油3 000毫升/公顷;35%快克乳油2 250毫升/公顷,对水750~900升/公顷喷施,每隔7天喷1次。掌握介壳虫生活史中的初孵若虫期,施用化学农药防治。初孵若虫行动缓慢,可及时喷洒40%氧乐果乳油、40%速扑杀乳油、50%马拉硫磷乳油、50%杀螟松乳油、50%久效磷乳油、25%亚胺硫磷乳油中的任何一种,1 000~1 500倍稀释液喷杀;或用25%功夫乳油3 000倍液、20%灭扫利乳油4 000倍液、2.5%溴氰菊酯乳油2 500倍液、90%敌百虫晶体500倍液等喷雾。上述药剂与0.3%(冬季)~0.5%(夏季)矿物油混喷,效果更好。每7~10天喷施1次,喷施1~3次,若卵孵化时间拖得长时,还需增加喷药次数。

3)**生物防治** 引进捕食性瓢虫和寄生蜂。

4)**人工刮除虫体** 被害植株少、虫口密度小时,可人工刮除虫体。

7.蚜虫

(1)**形态特征** 蚜虫(图6-15)又被叫作腻虫,一般呈浅绿色、黄色或紫红色,体小而柔软,长约2毫米,蚜虫寄主杂、分布广、种类多、世代重叠、数量大、繁殖快、危害大,是花卉中比较常见的一种虫害,在我国分布比较广泛,如牡丹、菊花、木棉花、月季花等。

(2)**危害特点** 蚜虫种群发展很迅速,因为它是胎生繁殖的,会分泌蜜汁,从而引发真菌的滋长。蚜虫主要依附在花卉的嫩梢、嫩叶以及花蕾上,刺吸植株组织内部的养分,导致叶片萎缩、变色、弯曲,严重时造成花卉枯萎甚至枯死。蚜虫从体内排出的蜜露,也会导致植株的生理功能受阻,而且蜜露会引起各种霉菌的滋生,比

图6-15 蚜虫

较容易引发煤污病等。蚜虫会使花与叶片上产生斑点,从而降低商品品质,也会吸取植物的汁液,然后把毒汁注入植物组织从而影响植物的生长。蚜虫有许多植物寄主,从而引起病害的快速传播。

(3)**防治措施**

1)黄板诱杀法　买黄色粘虫板,将粘虫板挂在花盆间,利用蚜虫对黄色的趋性,将蚜虫粘在粘虫板上,达到消灭蚜虫的目的。

2)白酒防治　选用45°以上的白酒,不需要对水,直接用小喷雾器将白酒喷在有蚜虫的花卉上,每天早、晚各喷1次,连喷3天,可基本消灭蚜虫。

3)生物防治　捕捉蚜虫的天敌瓢虫、草蛉、食蚜虻等,放于有蚜虫的花卉上,达到控制蚜虫的目的。

4)韭菜防虫法　用新鲜韭菜1千克加少量水,捣烂后榨取汁液,每千克原汁加6千克水,进行喷雾。同时可兼治花卉的白粉病。

5)大蒜制剂法　取新鲜大蒜1千克加水适量捣成蒜泥,榨取汁液,然后将1千克大蒜原汁加水10千克,进行喷雾,对花卉蚜虫有较好的防治效果。

6)加强栽培管理　蚜虫的寄主较多,是最具破坏力的昆虫,因此,应及时除去种植床下面及周围的杂草。另外,注意定期检查温室顶窗、侧窗的防虫网,对破坏网面及时进行修补或更换。

7)化学防治　喷施抗蚜威、庚烯磷、联苯菊酯中任何一种药剂,并在5天后再喷。

8. 粉虱

(1)**形态特征**　粉虱属于同翅目粉虱科,是一类体型微小的昆虫,包括温室粉虱和烟草白粉虱,粉虱类虫害体长1毫米,成虫全身覆盖白色的蜡粉状物。全部为植食性,其寄主植物多达176个科,其中包括许多农作物、蔬菜、果树、花卉和观赏植物,给国民经济和人民生活造成很大损失。其中烟草白粉虱(图6-16)对红掌危害最为严重。

图6-16　烟草白粉虱

(2)**危害特点**　白粉虱主要刺吸植物组织,使叶片失色,致使植株衰弱,若虫和成虫分泌蜜露,诱发煤污病,严重影响寄主的光合作用,并能传播多种植物病毒病。

(3)**防治措施**

1)生物习性防治　利用白粉虱成虫的趋黄习惯,在红掌植株旁放置涂上粘油的黄色板块,振动植株,惊动白粉虱成虫,使之粘到黄油板上,然后杀灭。但不能杀卵,且易复发。

2)药剂喷洒　白粉虱在同一时间同一植株上可存在多种虫态,目前还没有对所有虫态都有效的药剂,因此采用药剂喷洒,必须连续用药。可用10%扑虱灵乳油(又名优乐得、压乐得)1 000倍液,或用40%氧乐果乳油800倍液喷洒。

3)药剂熏蒸　可用80%敌敌畏乳油按1∶2的比例加水熏蒸。温室以每平方米用1毫升原液为准,熏蒸期间关闭门窗。家庭少量花卉可用塑料袋罩住受害植株,用棉球蘸上原液放入罩内。

4)生物防治　通过释放丽蚜小蜂控制温室白粉虱,丽蚜小蜂主要在温室白粉虱的若虫和蛹体内产卵,被寄生的白粉虱9～10天内变黑死亡。利用粉虱座壳孢菌防治粉虱也有效果。

七、红掌的采收、包装和储运技术

（一）切花的采收与包装

1. 采收时期

红掌切花的成熟一般是从肉穗花序的雌蕊开始,由下往上逐渐成熟,而后才是雄蕊。因此,红掌的采收期主要取决于雌蕊的成熟度,当肉穗花序下部 1/2 ~ 3/4 变色且看到雄蕊时即可采收,此时,佛焰苞片展平、色彩鲜明,为红掌采收的适当成熟度。但并非所有的品种都如此,也可同时根据佛焰苞下面的花茎是否挺直坚硬作为判断依据,一般成熟的红掌花茎比较挺直、硬朗、健壮。还可通过花瓶期测试最佳收获时期。同时结合市场情况,适当调整采切时间和采切量以创造良好的经济效益。

另外,在红掌切花采收时间的选择上应该避免炎热的正午,一般选择在温度较低的早上或傍晚为宜。因为,此时温度较低有助于其降低呼吸速率,减缓红掌的老化。

2. 采收与包装

(1) 采收方法

采收红掌切花可用手直接自基部摘取,再用刀斜切花茎基部膨大处。因为此部位较不吸水,同时可减少母株受细菌感染机会,且由于佛焰苞片大,蒸腾作用强,失水速率快,采收时应直接将切花插于清水中,以避免失水。

红掌切花也可用刀子剪切方式进行采收,切花时一只手剪切,剪截面应为一斜面,以增加花茎的吸水面积。另一只手握采收好的切花,花枝在手上交错分布,避免相互碰伤。一般情况下,一只手最多拿 8 ~ 10 枝花。采收 3 ~ 5 枝后,应将刀片放入酒精浓度 70% 的溶液内消毒 1 分以上,可减少母株间病原菌的传染。现行的做法是备用多把刀子与消毒桶,一把刀子使用后立刻消毒,再换另一把刀子轮替使用,在消毒液中要浸泡足够的时间,以减少病菌感染。

采切时尽量将花茎切至最长,但注意切花时植株上应保留 3 厘米的茎,以防烂茎。避免剪到基部木质化程度过高的部位,否则导致切花吸水能力下降。剪切下来的花枝应尽快放入盛有净水或保鲜液的带分隔的水桶中。在放入桶中和运送的过程中要十分小心,不要对花朵造成伤害,同时注意运花的水桶必须每天清洗并每周用氯化物消毒1次,因为细菌繁殖会阻塞花茎的维管束,从而缩短其瓶插寿命。

在田间采收时,应配备具有遮阴棚的小推车,防止鲜切花在阳光下长时间暴晒,采收后应尽快放入包装间。

(2)分级标准

红掌的分级标准主要取决于花的品质、顾客需求和其他分类要求,一般由拍卖会上的检察官、消费者的消费观念或由种植者确定,种植者、进货商、代理人在其中起了相当重要的作用。

上市的商品红掌切花一般要求新鲜、洁净,花色鲜艳,花形均匀大方;无病虫害,无畸形和损伤;花茎挺直、健硕;同一包装内,花的大小、形状、成熟度、厚度、坚实度等要求均匀一致,规格和颜色通常也一致。

国际上对于红掌的切花分级包装没有统一的标准,荷兰红掌在拍卖市场交易,品质分为 A1、A2 和 B1 三级,由拍卖市场检查人员或花的主人进行检查。

A1 级:完全符合标准的花束或花朵。花朵新鲜、洁净、形状好、结构佳、花色正常、无病害、生长正常、无畸形、无损伤或褪色、花茎直立而且坚挺,品质、花径、成熟度、厚度和硬度整齐一致,包装没毛病。

A2 级:稍微偏离标准的花束。

B1 级:严重偏离标准的花束。

表 7-1　荷兰拍卖市场的分级

分级代号	花径(厘米)	花茎最低长度(厘米)	每箱枝数
6	6～7.4	25	21
7.5	7.5～8.9	30	15
9	9～10.9	35	20
11	11～13.9	40	16
13	13～14.9	45	12
15	15～17.9	50	10
18	18～24.9	50	7
25	25 以上	50	5

除按品质作为分级标准外,还按花径的大小分级。在测量花径的大小时,是从肉穗花序下量佛焰苞片的宽度。

包装箱有 5 种规格:

a. 100 厘米×20 厘米×10 厘米:装分级代号为 6、7.5 的切花。

b. 100 厘米×30 厘米×10 厘米:装分级代号为 9、11、13 的切花。

c. 100 厘米×40 厘米×12 厘米:装分级代号为 15、18 的切花。

d. 100 厘米×40 厘米×14 厘米:装分级代号为 25 的切花。

e. 100 厘米×30 厘米×8 厘米:装分级代号为 9、11、13 的切花。

美国夏威夷的标准,是由佛焰苞片的长度加宽度除以 2 来计算,花茎的最低长度为佛焰苞片大小的 2.5 倍。

南美和加勒比海地区对红掌的分级原则是根据顾客提出的要求而定,没有明确的标准。分级标准最终由生产者、进口商和经纪人来确定。花的大小由佛焰苞片的宽度来计算。毛里求斯出口红掌包装箱的规格是:

大箱:96.4 厘米×29.5 厘米×6.5 厘米,装超标准的红掌切花。

中箱:96.4 厘米×19 厘米×6.5 厘米,装中等、大和特大的花。

小箱:96.4 厘米×13.7 厘米×6.5 厘米,装 Peewee、微型和小型花。

表 7-2　加勒比海、夏威夷和毛里求斯常用分级

代号	加勒比海地区和夏威夷		毛里求斯	
	花的大小(英寸)	枝数/箱	花的大小(英寸)	枝数/箱
Peewee	<2.5	50		
微型	2.5～2.9	40	<3	80
小	3～3.9	30	3～3.9	45
中	4～4.9	25	4～4.9	40
大	5～5.5	18	5～5.9	30
特大	5.6～5.9	15	6～7.6	25
超标准	6～7.6	7.7～8	8	20

我国于 2000 年年底由国家质量技术监督局发布了主要花产品等级,并于 2001 年 4 月 1 日实施。本标准为国家推荐标准,共 7 个部分,其中 GB/T 18247.1—2000 和 GB/T 18247.2—2000 分别为主要鲜切花等级标准和主要盆花等级标准。

其中鲜切花的标准制定了鲜切花的质量等级的公共标准和分品种的品种标准。两部分中均划分为一级品、二级品和三级品 3 个等级。一级品为最好品质,三级品为最差品质,二级品为中等品质。公共部分三级中规定了每级的整体效果和病虫害及缺损情况。分品种中对红掌规定了三级中每级的佛焰苞片及花序、花茎、采收时期、装箱容量等标准。

一级品要求:品种纯正,整体感极好,无缺陷;佛焰苞片形大、完整,颜色鲜亮、光洁,

无杂色斑点,苞片横径≥12 厘米;肉穗花序鲜亮完好;花茎挺直、坚实有韧性,粗壮,粗细均匀,长度≥40 厘米。

二级品要求:品种纯正,整体感好,基本无缺陷;佛焰苞片形较大、完整,颜色鲜亮,无杂色斑点,苞片横径≥10 厘米;肉穗花序鲜亮完好;花茎挺直、坚实有韧性,粗壮,粗细较均匀,长度≥30 厘米。

三级品要求:品种纯正,整体感较好,有轻微缺陷;佛焰苞片形小、较完整,苞片基本无杂色斑点,苞片横径:≥7 厘米;肉穗花序鲜亮较完好;花茎略有弯曲、较细弱,粗细不均,长度:≥30 厘米。

分级工序一般在包装车间的隔离间中进行。分级时,操作熟练的工人只要靠目测就能估计出每枝花的级别。在一些先进国家和地区,红掌的分级、捆扎工作通常由机械完成。

分级以前需要清洗一些粘有灰尘或其他污物的花朵,使之清洁、光亮,更具光泽。用水淋洗干净的花朵需晾干以后才能包装。

(3)**包装方法**(图 7-1、图 7-2、图 7-3)

富有特色的高质量的包装可以刺激销售,降低成本,还可以减少运输等过程带来的损失。

红掌切花的包装:首先将已经预冷的红掌花朵佛焰苞片部分用小的保鲜袋包装,包装完成后将花卉插入含 50 毫克/升次氯酸钠保鲜液的套管内,并按红掌切花的品种、品质、花径大小、花茎长度等分类装于箱中。包装箱下面铺设聚苯乙烯泡沫片,包装箱四周垫上潮湿的碎纸。小箱为 10 扎或 20 扎,大箱为 40 扎(每扎为 1 枝)。花面重叠勿超过 1/3,花头朝一边整齐排放为佳,距离箱边 5 厘米,花茎中间用胶带固定于箱面,可在包装箱内放置插入物以阻止切花移动,避免苞片发生压折伤。封箱需用胶带,纸箱两侧需打孔,孔口距离箱口 8 厘米,纸箱宽度 30 厘米或 40 厘米。且需标识,必须注明切花种类、品种名称、花色、级别、生产单位、产地、采切时间等。在整理包装过程中要轻拿轻放,避免损伤叶片,尽量缩短分级、整理与包装过程的时间,最好不超过 1 小时。

采后 12 小时以内,运输之前应在室温下用 170 毫克/升的硝酸银溶液吸水处理 10分。切花用商用水果涂蜡处理可延长采后寿命 1 倍。切花运到目的地后,茎端应再剪切。萎蔫的切花可浮于 20~25 ℃水中 1~2 小时,以恢复新鲜。

另外,2008 年 3 月 12~14 日荷兰花荷拍卖公司举办的花卉展销会上,一种新型的红掌包装技术已被市场采用,该包装系统不仅快捷便宜,而且是包装红掌切花的最好途径。该系统的具体包装程序是:按照每枝花的大小,将 3~5 枝红掌放进按规格裁切的纸板中,以便花朵更能被安全地固定住,然后将纸板装进塑料袋。为了延长花期,需将每朵切花的花茎下部浸入装满水的小塑料瓶中,最后将纸板一层层地放入标准箱中,每个纸箱中可放 4 层。此种方法给予了红掌切花最大的保护,使其免受损伤和灰尘的污染,而且用它来包装的速度比传统方式快了 2 倍。

图 7-1 红掌的保鲜袋包装

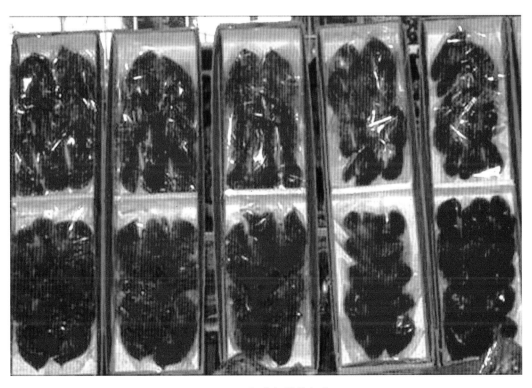

图 7-2 切花红掌的包装

图 7-3　切花红掌的包装

（二）盆花分级与包装

1. 盆花的分级

在盆花标准中也制定了盆花产品质量等级划分公共标准,但在分品种盆花标准中,暂时还没有红掌品种盆花标准。在公共标准中制定的标准,仍然适用于红掌盆栽的产品标准。此标准中仍分为三级,每级中规定了整体效果、画布情况、茎叶情况、病虫害或破损情况、栽培基质等 5 项内容。其中画布情况规定了一级品:含苞待放的花蕾大于等于90%,初花在 10%～15%;二级品:盛花 30%～50%;三级品:盛花 60%。

2. 盆花的包装（图 7-4）

红掌盆花的包装首先挑选出无受损的健康的植株。其次要进行套袋,一般方法是根据植物的长势将塑料袋从红掌的盆底顺势往上套,将塑料袋的下开口处留在花盆处,上开口顺势往上提,且上开口一定要高于植物苞片,以保护植物上部叶片。套好袋后一般不扎口,这样自然而然地把叶片、枝条向上向中间靠,利于保护红掌的佛焰苞片以及叶子和整个植株株型,不会造成叶片打折或枝条打折的情况。包装过程中除非运输时是寒冷的季节外,均在塑料袋上打若干孔,以利通风。套袋完成后便可进行装箱,箱子规格有 2种,一种箱子为扁长方体,一种箱子是长方体。其尺寸视盆花的规格而定。扁长方体的箱子适合将红掌的盆花倒放在箱内。倒放可码两层,第一层盆底向外,两侧各放一层,盆花的顶部相对,盆挨盆码紧,盆上贴胶条,两侧与箱内壁连接。第二层与第一层反方向码放,并同样用胶条固定。如是冬季,装箱前箱内衬防寒物。箱装好后应用胶带封箱。长方体的箱子适合将红掌的盆花直立码放,码放时横竖行均应卡紧,即盆与盆紧密相码,不留空隙。盆卡得紧,才不致在搬运过程中倒伏、摇晃,故而不易受损。其箱的高度应高于盆花的植株。装好后就可以用胶条封箱口。其箱的大小以装 20 盆左右为宜,太大搬运困难,太小则不够经济。

图7-4　盆花红掌的保鲜袋包装

（三）储藏运输

红掌的最适储藏温度为18～20 ℃,低于15 ℃容易发生冷害,高于23 ℃瓶插寿命明显缩短。另外,一般成熟的切花能够产生乙烯,其可以加速花的老化,从而缩短瓶插寿命。然而,红掌对乙烯具有较强的忍耐性,而且本身也较少产生,因此,没有必要使用乙烯阻断剂。红掌切花在分级、包装、装箱完成后,应移入冷藏库中进行降温处理,运送至花卉批发市场拍卖时,所使用之花卉运输车应为有空调的冷藏车或隔热运输车,以持续维持低温保鲜(图7-5)。避免使用一般货车载运,以免花卉因瞬间回温造成蒸散及呼吸作用升高,或因受气候日晒雨淋,而导致切花品质不良或损失。

图7-5　包装后的红掌运输

参考文献

[1]徐明慧.花卉病虫害防治[M].北京:金盾出版社,2006.

[2]李桂祥,王玮玮,等.红掌病虫害发生及其综合防治技术[J].上海农业科技,2010(5):123-124.

[3]蔡祝南,张中义,丁梦然,等.花卉病虫害防治大全[M].北京:中国农业出版社,2002.

[4]欧文军,李洪立,尹俊梅.红掌切花栽培中常见病虫害及防治[J].云南农业科技,2002(4):34-37.

[5]蒋桂芝.红掌栽培细菌性病害及其防治方法[J].农业与技术,2004,24(6):117-119.

[6]赵兴华,吴海红,姬海泉.红掌根腐病的发生与防治[J].中国花卉园艺,2007(6):25.

[7]韩继龙.红掌温室栽培中常见的病虫害及防治方法[J].中国林副特产,2010(3):58-59.

[8]杨鸿勋.安祖花的病虫与防治[J].现代园艺,2012(16).

[9]刘素青.花烛病虫害[J].云南热作科技.1998(1).

[10]郭少军,桑景拴.花卉的"五小害虫"及其防治[J].北方园艺,2007(7):190-192.

[11]刘振宇,邵金丽.园林植物病虫害防治手册[M].北京:化学工业出版社,2009.

[12]杨勇,张广英.介壳虫的防治[J].才智,2008(2):157.

[13]周成刚,齐海鹰,刘振宇.名贵花卉病虫害鉴别与防治[M].济南:山东科学技术出版社,2002.

[14]陈捷,刘志诚.花卉病虫害防治原色生态图谱[M].北京:中国农业出版社,2009.

[15]毛洪玉.花烛[M].北京:中国林业出版社,2004.

[16]文方德,金剑平.红掌[M].广州:广东科技出版社,2004.

[17]李海滨,麦有专,温艺超,等.海南红掌的采收包装储运及其保鲜技术[J].林业实用技术,2010(9):48-50.

[18]杨艳丽,周丽凤.百合鲜切花采收及保鲜技术[J].云南农业,2010(10):56-57.